普通高等院校计算机教育“十三五”规划教材

Java程序设计

常雪琴◎主　编

唐淑萍　陈秀兰　圣光磊　金鑫鑫
张道华　陈　亮　田广东　◎副主编

中国铁道出版社有限公司
CHINA RAILWAY PUBLISHING HOUSE CO., LTD.

内 容 简 介

本书系统地介绍了Java语言的特点及应用技术。第1～3章讲述Java的基本知识；第4～7章讲解面向对象基础内容，这部分是关键内容；第8～11章讲解异常处理、输入/输出和多线程，这部分是Java的主要内容；第12章讲解数据库编程；第13章讲解网络编程；第14章讲解高级技术；第15章讲解GUI实战。

本书适合作为高等院校计算机类专业的教材，也可作为自学爱好者的入门教材。

图书在版编目（CIP）数据

Java程序设计/常雪琴主编. —北京：中国铁道出版社有限公司，2021.1
普通高等院校计算机教育“十三五”规划教材
ISBN 978-7-113-27420-7

Ⅰ.①J… Ⅱ.①常… Ⅲ.①JAVA语言-程序设计-高等学校-教材 Ⅳ.①TP312.8

中国版本图书馆CIP数据核字(2020)第229536号

书　　名：Java 程序设计
作　　者：常雪琴

策　　划：翟玉峰　　　　编辑部电话：(010) 51873628
责任编辑：汪　敏　包　宁
封面设计：刘　颖
责任校对：张玉华
责任印制：樊启鹏

出版发行：中国铁道出版社有限公司（100054，北京市西城区右安门西街8号）
网　　址：http://www.tdpress.com/51eds/
印　　刷：三河市宏盛印务有限公司
版　　次：2021年1月第1版　2021年1月第1次印刷
开　　本：787 mm×1 092 mm 1/16　印张：13.5　字数：316千
书　　号：ISBN 978-7-113-27420-7
定　　价：36.00元

前 言

Java是一门简单的、跨平台的、面向对象的编程语言，从1995年至今，仍然是主流程序设计语言之一，是面向对象程序设计教学的必学语言。

本书是由具有多年教学经验和实践经历的专业人员编写，从Java语言中最基本的概念切入，深入浅出地讲解了Java在面向对象编程中重要的思想和常用的知识及技巧，包括初学者经常疑惑的一些问题：类与对象的关系、继承与多态的理解、继承与接口的选择等，同时还引入了编者多年的实践经验，结合案例展现了实际生产中常用的设计模式。

在章节的安排上，由易到难，适合零基础的初学者从头开始学习。本书的主要特点如下。

（1）内容全面，涉及了Java所有的常用内容。

（2）由浅入深，规范的编码风格和质量。

（3）注重基础知识与实例相结合，通俗易懂的讲解风格能帮助学生对抽象内容的理解。

（4）理论联系实际，每章最后都提供有针对性的实践题，有一定难度的实践题都提供了编程提示。

（5）注重知识的综合应用，各章中不但给出了某个知识点的实例，而且给出了将各方面知识点融合起来进行应用的综合实例，适合培养应用型人才。

（6）为了方便教学和自学者动手编程实践，书中包含了精心安排的配套的实验指导和课程设计内容。

本书由亳州学院常雪琴教授和西安长天科技有限公司陈亮工程师整体策划，陈亮完成实验的架构与测试，其中，常雪琴编写第 1~3 章，亳州学院田广东教授编写第 4 章，甘肃广播电视大学陈秀兰教授编写第 5~7 章，亳州学院圣光磊副教授编写第 8、9 章，亳州学院金鑫鑫副教授编写第 10、11 章，亳州学院张道华副教授编写第 12、13 章，亳州学院唐淑萍讲师编写第 14、15 章。

由于编者水平有限，书中难免有疏漏与不足之处，欢迎广大读者批评、指正。

编　者

2020 年 8 月

目 录

第一章 Java 语言入门......1
第一节 Java 发展及前景......1
第二节 Java 运行机制及 JVM......3
第三节 Java 语言的特点......4
第四节 Java 程序开发......5
小结......13
思考题......13

第二章 Java 语言基础......15
第一节 标识符......15
第二节 常量与变量......15
第三节 基本数据类型......16
第四节 运算符......18
第五节 关键字及注释......21
小结......22
思考题......23

第三章 Java 程序控制......27
第一节 分支语句......27
第二节 循环语句......29
第三节 跳转语句......31
第四节 语句块......32
第五节 方法......32
第六节 方法重载......35
小结......35
思考题......35

第四章 Java 面向对象编程基础......40
第一节 类与对象......40
第二节 类的成员......42
第三节 this 和 static 关键字......43
第四节 Object 类......45

小结......46
思考题......47

第五章　Java 面向对象编程进阶......55
第一节　类的继承......55
第二节　访问权限......59
第三节　封装......60
第四节　多态......62
第五节　抽象类......64
第六节　接口......66
第七节　内部类......68
小结......72
思考题......72

第六章　Java 数组与包......74
第一节　数组......74
第二节　数组的初始化......75
第三节　二维和多维数组......75
第四节　数组的常用操作......76
第五节　Java 包的概念......77
小结......79
思考题......79

第七章　Java 常用类......82
第一节　字符串相关的类......82
第二节　Math 类......83
第三节　基本数据类型的包装类......84
第四节　时间处理相关的类......85
第五节　Java 中常用的集合......86
小结......89
思考题......89

第八章　Java 异常处理机制......90
第一节　Java 的异常......90
第二节　Java 异常的分类......90
第三节　Java 异常处理......91
第四节　Java 中声明异常......92
第五节　Java 中自定义异常......92

小结 93
思考题 94

第九章 Java 输入 / 输出 96

第一节 Java 的 I/O 体系 96
第二节 Java 的文件和目录操作 97
第三节 Java 的字符流处理 98
第四节 Java 字节流处理 100
第五节 Java 中输入流 Scanner 101
第六节 Java 中流的转换 101
小结 102
思考题 102

第十章 Java 图形用户界面 103

第一节 Java 的 GUI 概述 103
第二节 GUI 的布局器 105
第三节 GUI 的事件监听 106
小结 112
思考题 112

第十一章 Java 多线程技术 114

第一节 程序、进程与线程 114
第二节 线程的实现 115
第三节 线程的生命周期及状态 116
第四节 线程的同步 117
小结 119
思考题 119

第十二章 Java 数据库编程 121

第一节 使用 JDBC 访问数据库 121
第二节 JDBC 各对象介绍 123
第三节 JDBC 常用的封装 124
小结 130
思考题 130

第十三章　Java 网络编程 131
第一节　网络分层 131
第二节　Java 中的 Socket 134
小结 143
思考题 143

第十四章　Java 高级技术 144
第一节　反射 144
第二节　泛型 151
第三节　序列化与反序列化 154
小结 157
思考题 157

第十五章　Java GUI 实战 158
第一节　项目总览 158
第二节　项目搭建 160
第三节　common 包 162
第四节　entity 包 168
第五节　dao 包 169
第六节　service 包 175
第七节　test 包 179
第八节　ui 包 182
小结 208
思考题 208

第一章 Java 语言入门

Java 是于 1995 年 5 月推出的 Java 程序设计语言和 Java 平台的总称。

Java 语言是由 James Gosling 等几位工程师于 1995 年 5 月推出的一种可以编写跨平台应用软件、完全面向对象的程序设计语言。Java 的作者 James Gosling 及其 Logo 如图 1-1 和图 1-2 所示。

图 1-1　Java 的作者 James Gosling

图 1-2　Java 的 Logo

Java 是一门面向对象的编程语言，不仅吸收了 C++ 语言的各种优点，还摒弃了 C++ 中难以理解的多继承、指针等概念，因此 Java 语言具有功能强大和简单易用两个特征。Java 语言作为静态面向对象编程语言的代表，极好地实现了面向对象理论，允许程序员以优雅的思维方式进行复杂的编程。

第一节　Java 发展及前景

一、Java 语言的历史

20 世纪 90 年代，硬件领域出现了单片式计算机系统，这种价格低廉的系统一出现就立即引起了自动控制领域人员的注意，因为使用它可以大幅度提升消费类电子产品（如电视机顶盒、面包烤箱、移动电话等）的智能化程度。Sun 公司为了抢占市场先机，在 1991 年成立了一个称为 Green 的项目小组，詹姆斯·高斯林和其他几个工程师一起组成的工作小组在一个小工作室里面研究开发新技术，专攻计算机在家电产品上的嵌入式应用。

该项目组的研究人员首先考虑采用 C++ 来编写程序。但对于硬件资源极其匮乏的单片式系统来说，C++ 程序过于复杂和庞大。另外，由于消费电子产品所采用的嵌入式处理器芯片的种类繁杂，如何让编写的程序跨平台运行也是个难题。为了解决困难，他们首先着眼于语言的开发，假设了一种结构简单、符合嵌入式应用需要的硬件平台体系结构并为其制定了相应的规范，其中就定义了这种硬件平台的二进制机器码指令系统（即后来成为“字节码”的指令系统），以待语言开发成功后，能有半导体芯片生产商开发和生产这种硬件平台。对于新语言的设计，Sun 公司研发人员并没有开发一种全新的语言，而是根据嵌入式软件的要求，对 C++ 进行了改造，去除了留在 C++ 的一些不太实用及影响安全的成分，并结合嵌入式系统的实时性要求，开发了一种称为 Oak 的面向对象语言。

由于在开发 Oak 语言时，尚且不存在运行字节码的硬件平台，所以为了在开发时可以对这种语言进行实验研究，他们就在已有的硬件和软件平台基础上，按照自己所指定的规范，用软件建设了一个运行平台，整个系统除了比 C++ 更加简单之外，没有什么大的区别，而且硬件生产商并未对此产生极大的热情。因为他们认为，在所有人对 Oak 语言还一无所知的情况下，就生产硬件产品的风险实在太大了，所以 Oak 语言也就因为缺乏硬件的支持而无法进入市场，从而被搁置了下来。

1995 年，互联网的蓬勃发展给了 Oak 机会。业界为了使死板、单调的静态网页能够“灵活”起来，急需一种软件技术来开发一种程序，这种程序可以通过网络传播并且能够跨平台运行。于是，世界各大 IT 企业为此纷纷投入了大量的人力、物力和财力。这个时候，Sun 公司想起了那个被搁置起来很久的 Oak，并且重新审视了那个用软件编写的试验平台，由于它是按照嵌入式系统硬件平台体系结构进行编写的，所以非常小，特别适用于网络上的传输系统，而 Oak 也是一种精简的语言，程序非常小，适合在网络上传输。Sun 公司首先推出了可以嵌入网页并且可以随同网页在网络上传输的 Applet（Applet 是一种将小程序嵌入网页中进行执行的技术），并将 Oak 更名为 Java（在申请注册商标时，发现 Oak 已经被人使用了，再想了一系列名字之后，最终，使用了提议者在喝一杯 Java 咖啡时无意提到的 Java 词语）。5 月 23 日，Sun 公司在 Sun world 会议上正式发布 Java 和 HotJava 浏览器。IBM、Apple、DEC、Adobe、HP、Oracle、Netscape 和微软等各大公司都纷纷停止了自己的相关开发项目，竞相购买了 Java 使用许可证，并为自己的产品开发了相应的 Java 平台。

2009 年，Oracle 公司宣布收购 Sun。

2011 年，Oracle 公司举行了全球性的活动，以庆祝 Java 7 的推出，随后 Java 7 正式发布。

2014 年，Oracle 公司发布了 Java 8 正式版。

二、Java 语言的应用及前景

Java 语言经过多年的应用和发展，目前在 Web 开发领域（互联网和传统行业应用）、移动互联网领域、大数据领域均有广泛应用，而且凭借稳定的性能和健全的语言生态，大型互联网平台往往更愿意选择 Java 开发方案。

目前在整个 IT 行业内有大量的 Java 开发工程师，Java 既是研发级别工程师的重要工具，也是应用级别开发工程师的主要选择之一。

当前互联网正在从消费互联网向产业互联网过渡，而产业互联网的核心技术包括大数据、云计算、物联网和人工智能等相关技术。目前 Java 在大数据领域有较为广泛的应用，由于 Hadoop 平台自身就是采用 Java 语言开发的，所以大量基于 Hadoop 平台的开发往往会选择 Java 开发方案。因此，在产业互联网阶段，Java 将依然是重要的选择。

第二节 Java 运行机制及 JVM

计算机高级语言按照程序执行方式可以分为编译型和解释型。

编译型语言是指在程序执行之前，首先会有一个单独的编译过程，针对特定的平台（操作系统），将高级语言翻译成机器语言，以后执行这个程序的时候，便可以直接运行翻译的结果，这样编译后可以脱离开发环境独立运行，效率也可以高一些。但也有一个缺点，那就是编译语言被编译成特定平台上的机器码，通常无法直接转移到其他平台运行，如果有需求，需要重新将源代码转移到特定平台，针对部分平台进行修改之后，重新编译。C/C++ 等都是编译型语言。

解释型语言是指在运行时才将程序翻译成机器语言，跨平台性较好，但不足之处就是每次执行都需要进行一次编译。相当于把编译型语言中的编译和解释的过程混合到一起同时完成。Ruby、Python 等都是解释型语言。

Java 语言比较特殊，Java 语言编写的程序也需要经过编译步骤，只不过它并不是编译成特定语言的机器码，而是翻译成与机器无关的字节码（*.class 文件）。这些字节码不能直接运行，需要经过 Java 解释器（JVM Java 虚拟机）来运行。因此，Java 语言是先编译，后解释，将这两个步骤分开，如图 1-3 所示。

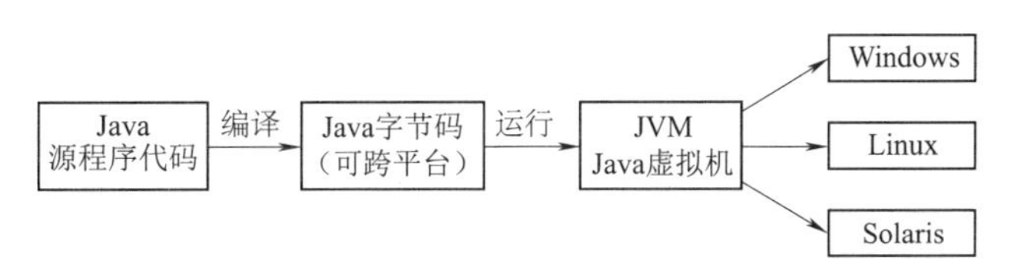

图 1-3 Java 的运行机制

Java 虚拟机，即 JVM（Java Virtual Machine）。当 Java 编译器编译 Java 代码时，生成的是面向 JVM 的字节码，再由 JVM 面向各操作系统，因此使用 Java 语言编写的程序，实际上是运行在 JVM 之上，而不是运行在操作系统上。

它有一个解释器组件，可以实现 Java 字节码和计算机操作系统之间的通信，如图 1-4 所示。

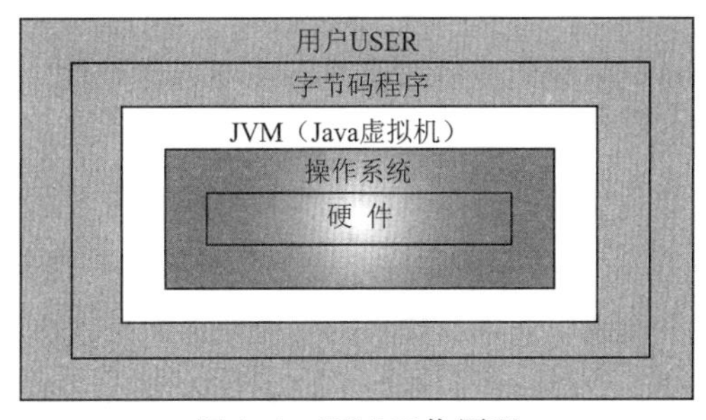

图 1-4 JVM 工作原理

第三节　Java 语言的特点

一、Java 语言的优点

1. 简单

Java 语言的语法与 C 语言和 C++ 语言很接近，使得大多数程序员很容易学习和使用 Java。另一方面，Java 丢弃了 C++ 中很少使用的、很难理解的、令人迷惑的那些特性。去掉了 C 和 C++ 中许多复杂功能，如指针、操作符重载、多继承、自动的强制类型转换等。特别是，Java 语言不使用指针，并提供了自动的垃圾收集，使得程序员不必为内存管理而担忧。

2. 面向对象

面向对象可以说是 Java 最基本的特性。Java 语言的设计完全是面向对象的，它不支持类似 C 语言那样的面向过程的程序设计技术。所有 Java 程序和 applet 均是对象，Java 支持静态和动态风格的代码继承及重用。它比 C++ 更彻底，纯度更高。Java 语言提供类、接口和继承等原语，为了简单起见，只支持类之间的单继承，但支持接口之间的多继承。

3. 跨平台性

与平台无关是 Java 语言最大的优势。其他语言编写的程序面临的一个主要问题是操作系统的变化，处理器升级以及核心系统资源的变化，都可能导致程序出现错误或无法运行。Java 的虚拟机成功地解决了这个问题，Java 编写的程序可以在任何安装了 Java 虚拟机 JVM 的计算机上正确运行，Sun 公司实现了自己的目标“一次写成，处处运行”。具体表现为：

结构中立：Java 程序（扩展名为 java 的文件）在 Java 平台上被编译为体系结构中立的字节码格式（扩展名为 class 的文件），然后可以在实现这个 Java 平台的任何系统中运行。这种途径适合于异构的网络环境和软件的分发。

可移植：这种可移植性来源于体系结构中立性，另外，Java 还严格规定了各个基本数据类型的长度。Java 系统本身也具有很强的可移植性，Java 编译器是用 Java 实现的，Java 的运行环境是用 ANSI C 实现的。

解释型：Java 程序在 Java 平台上被编译为字节码格式，然后可以在实现这个 Java 平台的任何系统中运行。在运行时，Java 平台中的 Java 解释器对这些字节码进行解释执行，执行过程中需要的类在连接阶段被载入运行环境中。

4. 健壮性

Java 的强类型机制、异常处理、垃圾的自动收集等是 Java 程序健壮性的重要保证。对指针的丢弃是 Java 的明智选择。Java 的安全检查机制使得 Java 更具健壮性。

5. 安全性

作为网络语言，安全是非常重要的。Java 的安全性可从两个方面得到保证。一方面，在 Java 语言中，像指针和释放内存等 C++ 功能被删除，避免了非法内存操作；另一方面，当 Java 用来创建浏览器时，语言功能和一类浏览器本身提供的功能结合起来，使它更安全。Java 语言在机器上执行前，要经过很多次测试。它经过代码校验、检查代码段的格式、检测指针操作、对象操作是否过分以及试图改变一个对象的类型。另外，Java 拥有多个层次的互锁保护措施，能有效地防止病毒的入侵和破坏行为的发生。

6. 多线程

在 Java 语言中，线程是一种特殊的对象，它必须由 Thread 类或其子类来创建。任何一个线程均有它自己的 run 方法，而 run 方法中包含了线程所要运行的代码。线程的活动由一组方法来控制。Java 语言支持多个线程的同时执行，并提供多线程之间的同步机制。

7. 动态的

Java 语言的设计目标之一是适应于动态变化的环境。Java 程序需要的类可以被动态地加载到运行环境中，也可以通过网络来载入所需要的类。这也有利于软件的升级。另外，Java 中的类有一个运行时刻的表示，能进行运行时刻的类型检查。

二、Java 语言的缺点

1. 效率

因为 Java 代码要通过编译和垃圾回收机制等，所以速度比较慢，不适合大型的程序、网络游戏等的编程。

2. 复杂性

正因为它的功能强大，因此也增加了其复杂性，像当今流行的 Java 框架很多，如 struts、spring 等，无疑增加了 Java 的复杂性。

第四节 Java 程序开发

一、搭建开发环境

1. 下载并安装 JDK 1.8

（1）下载 JDK 1.8（建议到 Oracle 官网下载），如图 1-5 所示。

图 1-5 下载 JDK 1.8

（2）安装 JDK 1.8（安装目录尽量不含中文、空格等），如图 1-6 所示。

（3）配置 Java 环境变量，如图 1-7 ～图 1-12 所示。

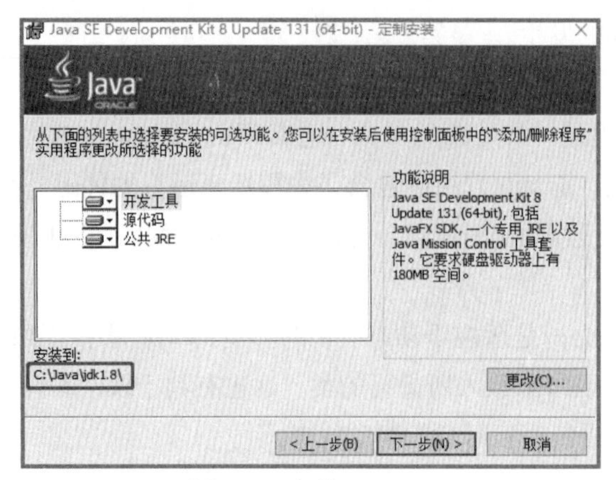

图 1-6 安装 JDK 1.8

图 1-7 设置 JDK 环境变量

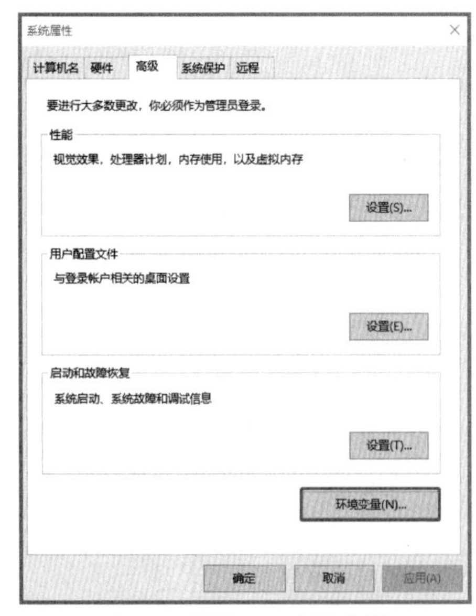

图 1-8 设置 JDK 环境变量

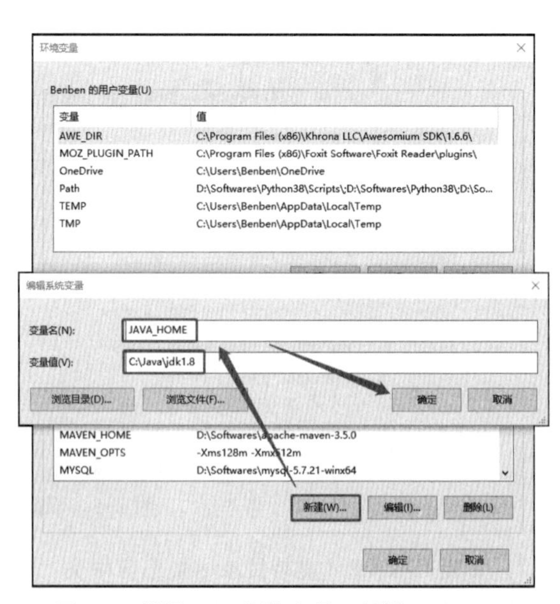

图 1-9 设置 JDK 环境变量 _ 新增 JAVA_HOME

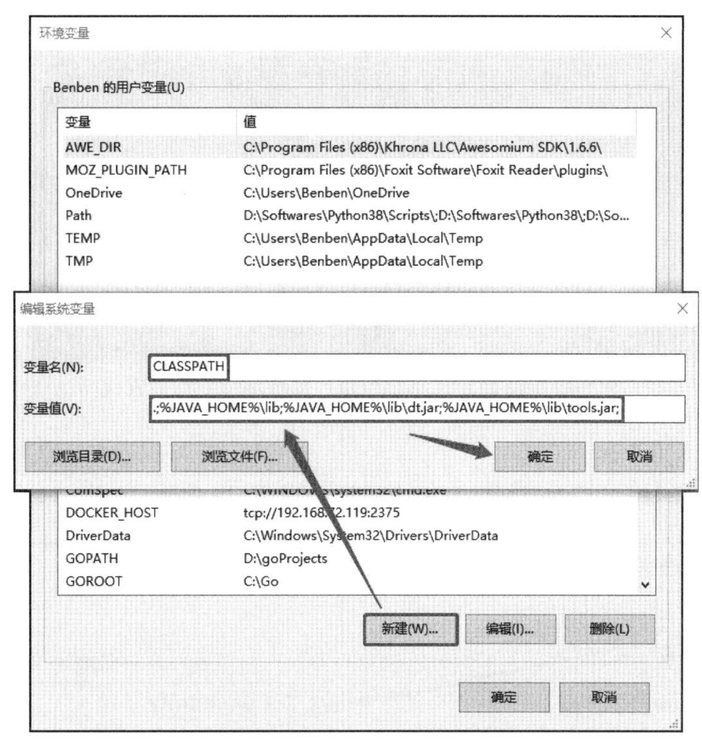

图 1-10　设置 JDK 环境变量 _ 新增 CLASSPATH

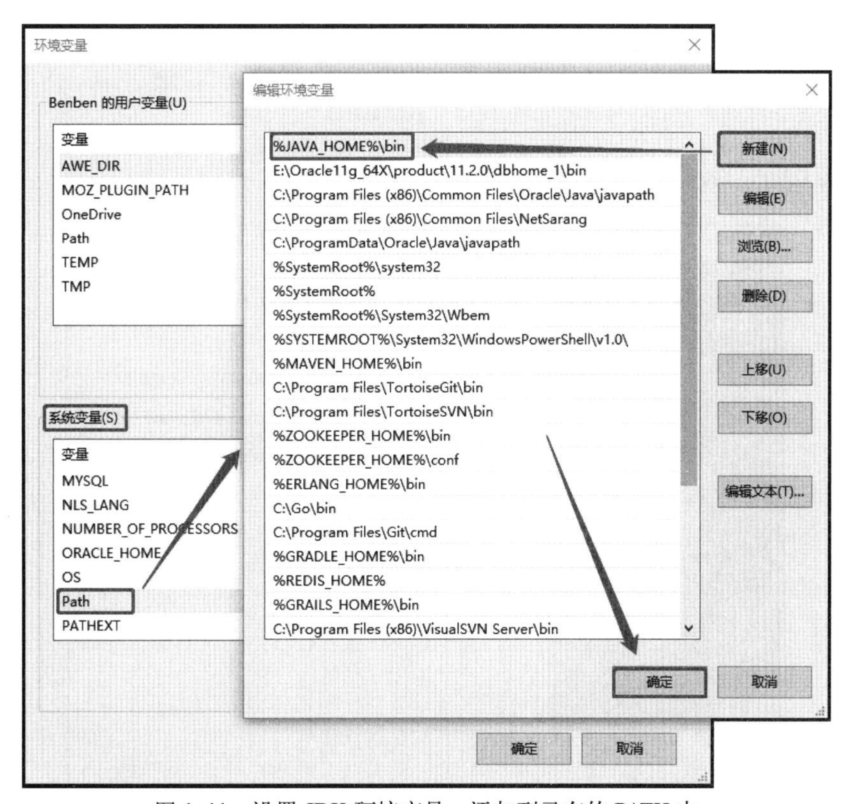

图 1-11　设置 JDK 环境变量 _ 添加到已有的 PATH 中

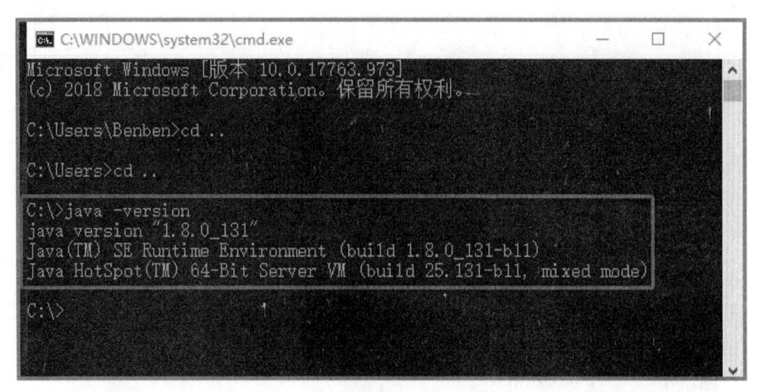

图 1-12　设置 JDK 环境变量 _ 验证环境变量设置成功

2. 下载并安装 IDEA

（1）下载 IDEA（建议到 JetBrains 官网下载），如图 1-13 所示。

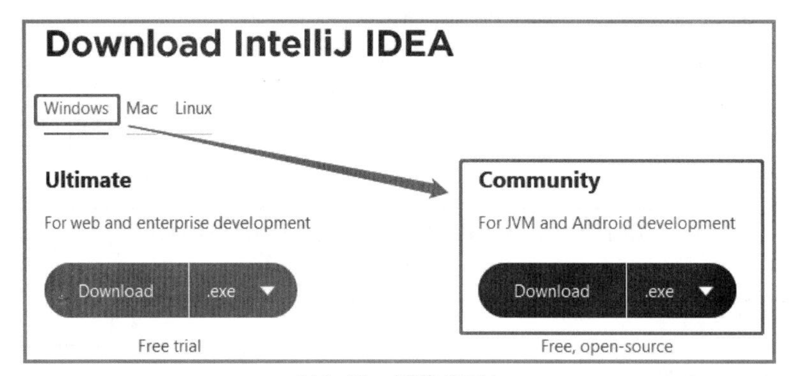

图 1-13　下载 IDEA

（2）安装 IDEA，如图 1-14 所示。

图 1-14　安装 IDEA

（3）设置 IDEA，如图 1-15 和图 1-16 所示。

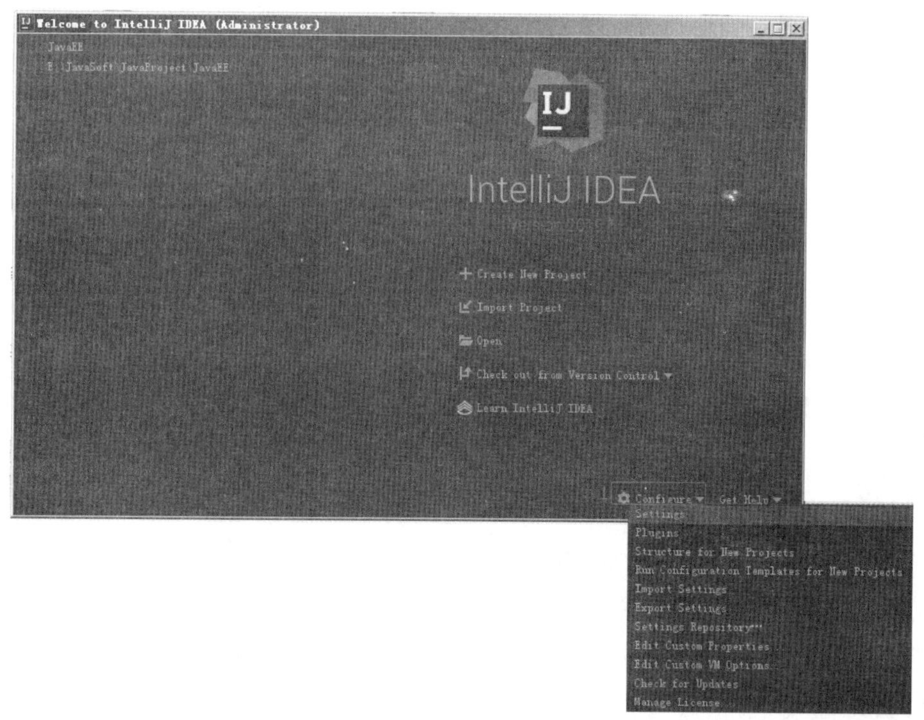

图 1-15　设置 IDEA

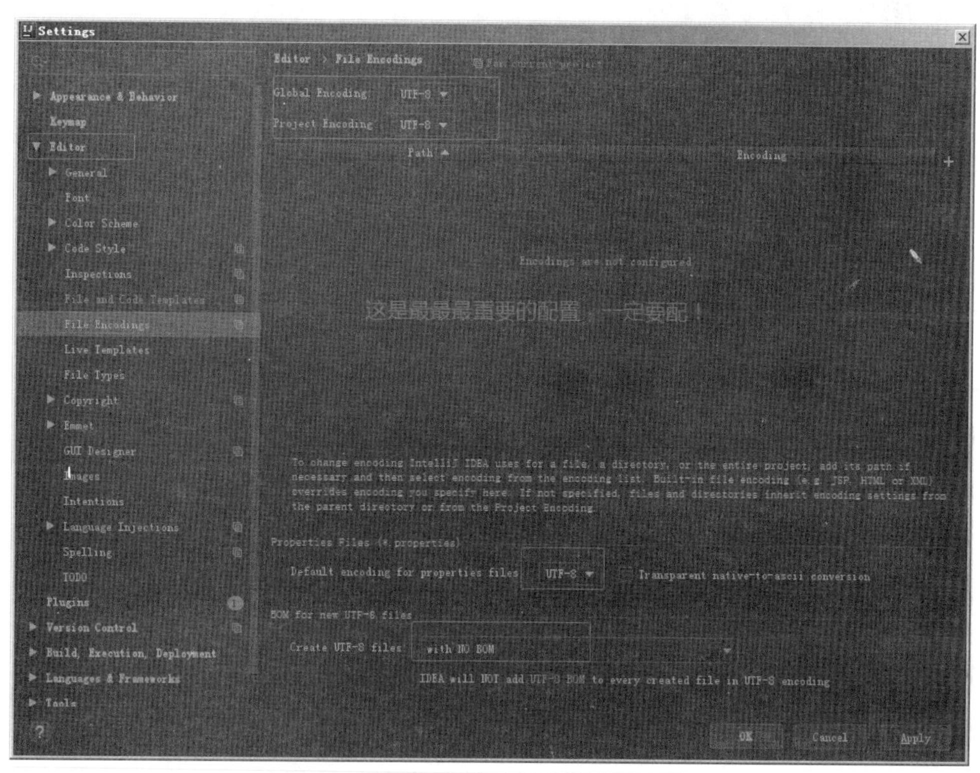

图 1-16　设置 IDEA_ 更改编码格式

二、编写第一个 Java 程序

（1）创建一个 Java 项目，如图 1-17 ~ 图 1-19 所示。

（2）查看项目文件，如图 1-20 所示。

（3）按 Java 规范先创建一个包，再在包中创建一个类，最后编写代码。

①创建包（右击 src，在弹出的快捷菜单中选择 new → package 命令），如图 1-21 所示。

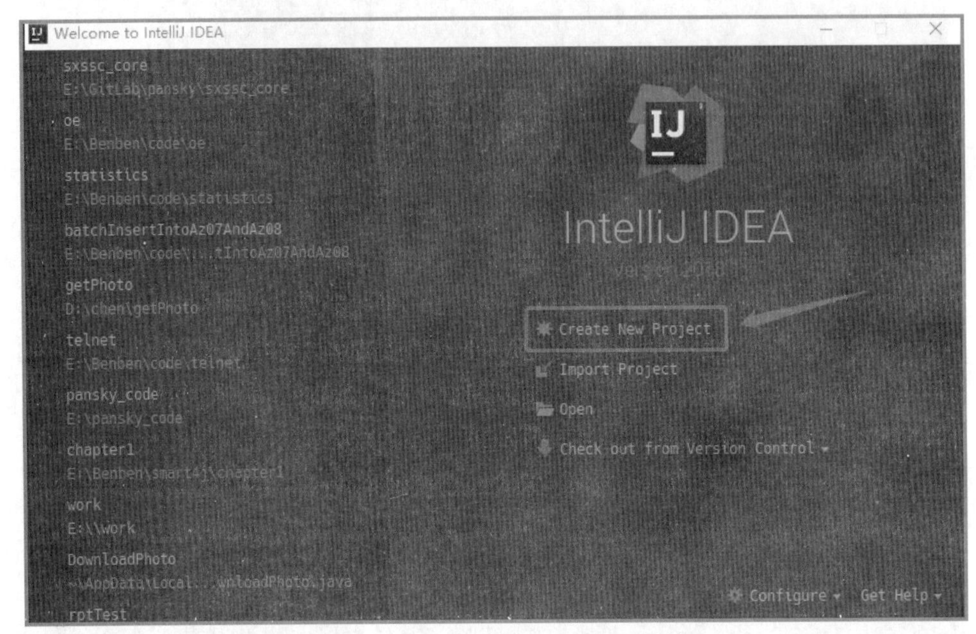

图 1-17　单击 Create New Project 链接

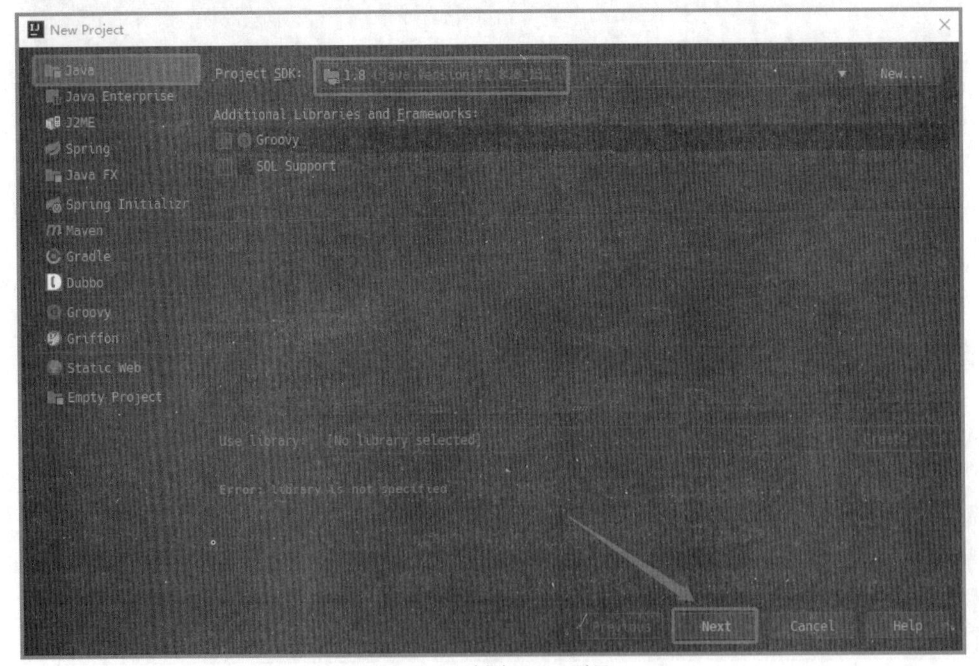

图 1-18　创建 Java 项目

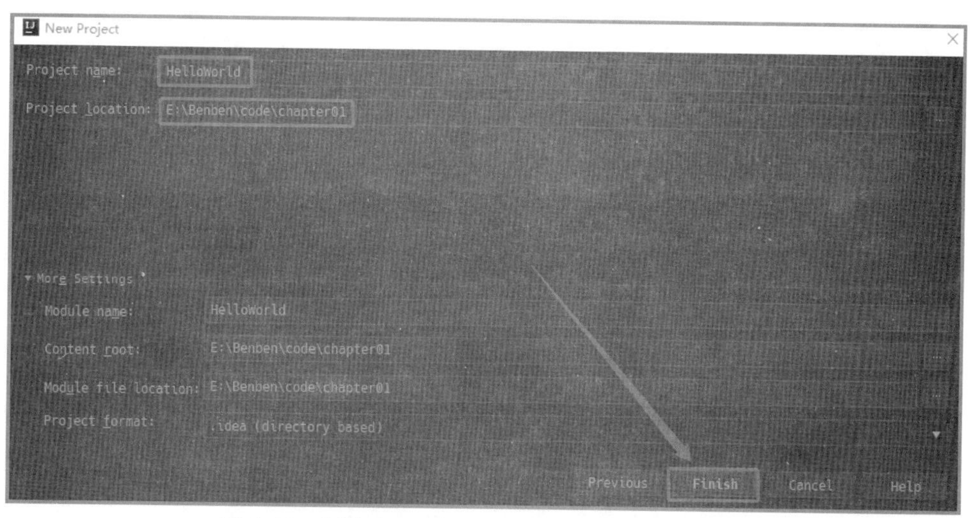

图 1-19　创建 Java 项目 _ 设置项目名称及存放路径

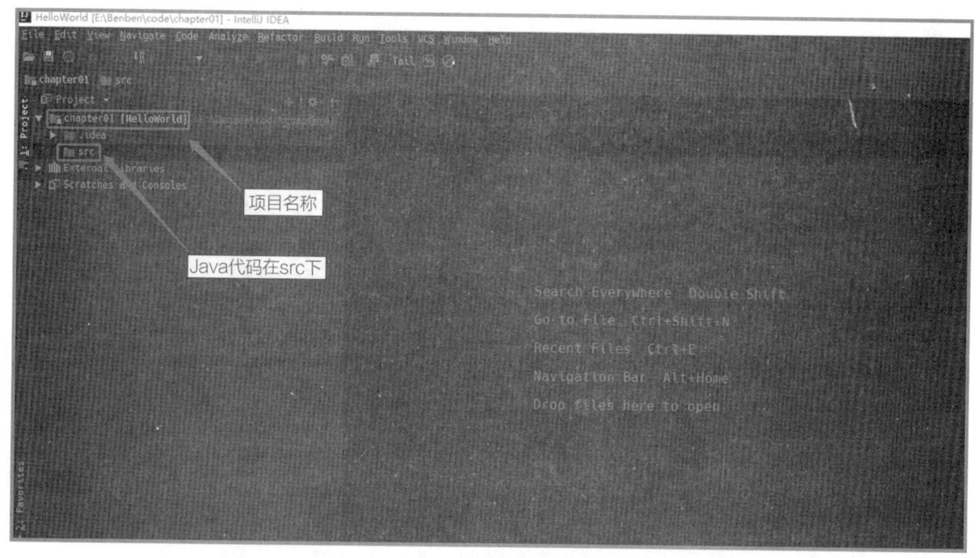

图 1-20　查看项目文件

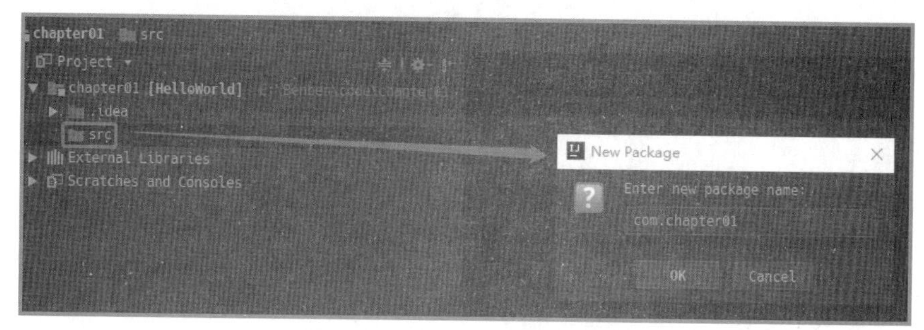

图 1-21　在 src 下创建一个包

②创建类（右击 com.chapter01 包，在弹出的快捷菜单中选择 new → package 命令），如图 1-22 所示。

③编写代码（双击 HelloWorld 类，开始输入代码），如图 1-23 和图 1-24 所示。

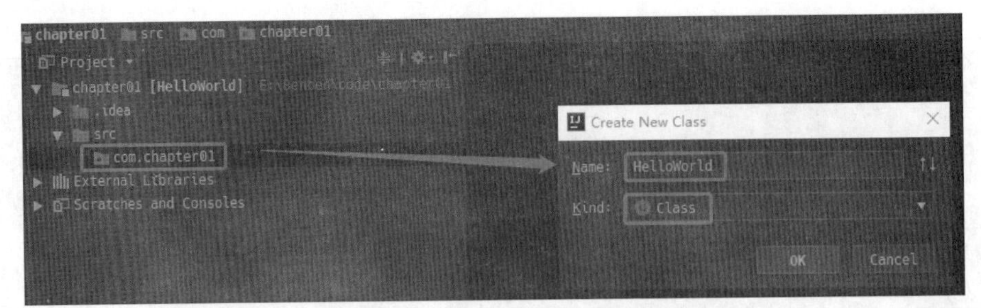

图 1-22　在 com.chapter01 下创建一个类

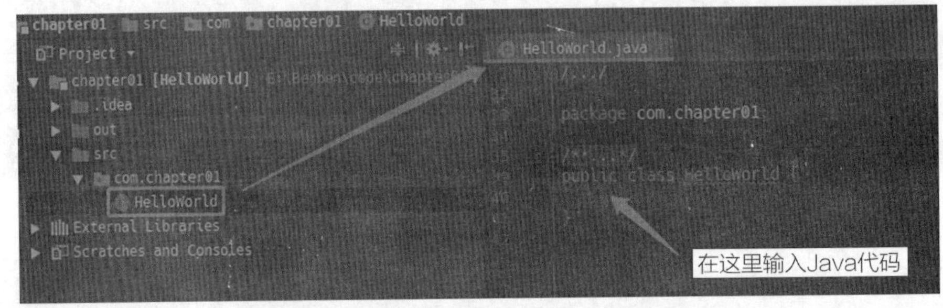

图 1-23　在 HelloWorld 中开始输入 Java 代码

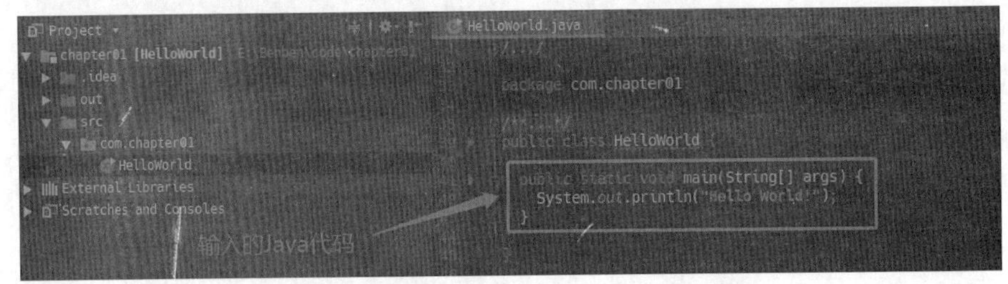

图 1-24　在 HelloWorld 中输入 Java 代码完成

④运行代码（右击，选择 run'HelloWorld.main()'），如图 1-25 所示。

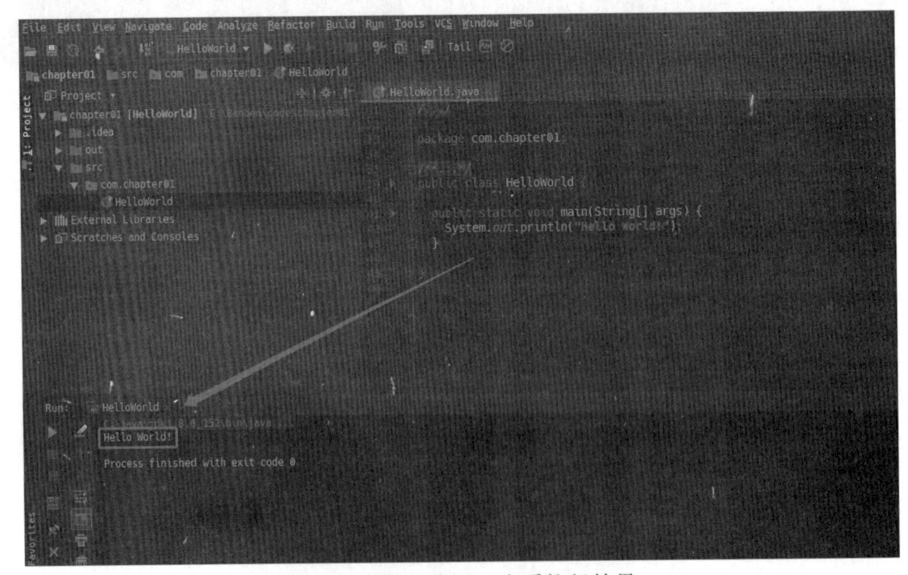

图 1-25　运行代码，查看执行结果

小　结

通过学习本章内容，我们了解了 Java 语言的发展与前景、Java 语言的运行机制及特点、下载并安装了 JDK 和 IDEA 开发环境，最后使用 Java 语言编写了一个简单的程序。

思考题

一、填空题

1. Java 的三个技术平台分别是________、________、________。

2. 建立 Java 开发环境，安装 JDK，一般需要设置环境变量________、________。

3. 编写一个 Java 源程序，其文件名为 Test.java，则编译该源程序的命令为________，运行该程序的命令为________，生成文档注释的命令为________。

4. Java 程序的运行环境简称为________。

5. javac.exe 和 java.exe 两个可执行程序放在 JDK 安装目录的________目录下。

6. ________环境变量用来存储 Java 的编译和运行工具所在的路径，而________环境变量则用来保存 Java 虚拟机要运行的“.class”文件路径。

7. Java 的源代码文件的扩展名是________。

8. Java 编译器的输入文件的类型是________。

9. Java 编译器的输出文件的类型是________。

二、选择题

1. Java 属于（　　）。

   A. 机器语言　　B. 汇编语言　　C. 高级语言　　D. 以上都不对

2. 下面（　　）类型的文件可以在 Java 虚拟机中运行。

   A. .java　　B. .jre　　C. .exe　　D. .class

3. 安装好 JDK 后，在其 bin 目录下有许多 exe 可执行文件，其中 java.exe 命令的作用是（　　）。

   A. Java 文档制作工具　　B. Java 解释器

   C. Java 编译器　　D. Java 启动器

4. 如果 jdk 的安装路径为“d:\jdk”，若想在命令窗口的任何当前路径下都可以直接使用 javac 和 java 命令，需要将环境变量 path 设置为（　　）。

   A. d:\jdk;　　B. d:\jdk\bin;　　C. d:\jre\bin;　　D. d:\jre;

5. 作为 Java 应用程序入口的 main() 方法，其声明格式可以是（　　）。

   A. public static void main(String[] args);　　B. public static int main(String[] args);

   C. public void main(String[] args);　　D. public int main(String[] args);

6. 下面选项中，（　　）是 Java 关键字。

   A. then　　B. PUBLIC　　C. java　　D. public

7. （　　）不是 Java 的开发工具。

   A. Eclipse　　B. NetBeans　　C. JBuilder　　D. VC++ 6.0

8. 程序语句“System.out.println("one"+1+"，Two"+2)；”运行后的结果为（　　）。

   A. one,1,Two,2　　B. One1Two2　　C. One,Two　　D. One1,Two2

9. 下列关于 JDK、JRE 和 JVM 的描述，正确的是（　　）。

   A. JDK 中包含了 JRE，JVM 中包含了 JRE

   B. JRE 中包含了 JDK，JDK 中包含了 JVM

   C. JRE 中包含了 JDK，JVM 中包含了 JRE

   D. JDK 中包含了 JRE，JRE 中包含了 JVM

10. 下列（　　）工具可以编译 Java 源文件。

    A. javac　　B. jdb　　C. javadoc　　D. junit

11. JDK 工具 javadoc 的作用是（　　）。

    A. 生成 Java 文档　　B. 编译 Java 源文件

    C. 执行 Java 类文件　　D. 测试 Java 代码

12. 下列（　　）包是 Java 标准库中常用的包。（多选）

    A. java.lang　　B. javax. servlet .http

    C. java.io　　D. java.sql

13. 环境变量 PATH 中含有多个路径时，路径和路径之间可以用（　　）隔开。

    A. ;　　B. ,　　C. *　　D. :|

14. CLASSPATH 中的“.”的含义是（　　）。

    A. 省略号　　B. 当前目录　　C. 所有目录　　D. 上级目录

15. 以下关于 Java 文件名的叙述，正确的有（　　）。（多选）

    A. Java 源文件的扩展名应为 .java

    B. Java 源文件的文件名应与文件中的类名一致

    C. Java 字节码文件的扩展名应为 .java

    D. 一个 Java 源文件中只能包含一个 Java 类

三、编程题

编写程序，在控制台上显示短句：“努力学习 Java 编程”。要求：

1. 一行显示整个语句。
2. 分两行显示，每行显示四个汉字。

第二章 Java语言基础

任何一种语言都有其基本的规范，Java 语言也不例外，这些规范包含了标识符、变量、基本数据类型、运算符和关键字等。

第一节 标识符

标识符就是用户在 Java 程序中自己定义的有一定含义的名称，它用于表示程序的组成元素(如变量名、函数名等)。

标识符的命名规则：

(1) 标识符由字母（a ~ z 、A ~ Z)、数字、下画线（_)、美元符号（$）组成。

(2) 标识符不能以数字开头。

(3) 标识符是严格区分大小写的。

(4) 关键字、保留字不能用于标识符。

常用的标识符命名规范：

(1) 标识符的命名要有意义，最好是见名知意。

(2) 类名、接口名的每个单词的首字母大写，其他小写。

(3) 变量名、方法名的首单词全部小写，其他单词的首字母大写，其他小写。

(4) 包名所有单词全部小写。

(5) 常量名所有单词全部大写，如果有多个单词，那么单词与单词之间用下画线分开。

判断以下标识符命名是否符合规范：

```
2thName、name、class、this、PersonClass、$1th、&addr、MAN
```

其中，2thName、class、this 和 &addr 是非法的标识符，原因是 2thName 以数字开头，class 和 this 是 Java 的关键字，&addr 中包含了 & 字符。

第二节 常量与变量

常量是指程序在运行过程中，其值不会发生改变的量，一般使用全部大写命名，如 BUFFER_SIZE 等。

常量是有数据类型的，例如：

（1）整数常量：1、2、3。

（2）小数常量：1.2、3.5、9.0。

（3）布尔常量（仅两个）：true、false。

（4）字符常量（使用单引号括起来）：'a'、'2'、'X'、'&'。

（5）字符串常量（使用双引号括起来）："china"、"I' m sorry"。

1. 常量的使用

【语法】

```
数据类型 常量名 = 常量值;
```

示例：

```
int MAX_AGE = 100;             //定义最大年龄是100
String COUNTRY = "China";      //定义默认国家是"China"
```

变量是指程序在运行过程中，其值会发生改变的量，一般使用小写命名，如 age、firstName 等。变量在程序中使用得最频繁，基本数据类型主要针对变量而言。

2. 变量的使用

【语法】

```
数据类型 变量名 = 变量的初始值;
```

示例：

```
int age = 20;                  //定义age初始值为20
String name = "金庸";          //定义name初始值是"金庸"
```

第三节　基本数据类型

无论常量还是变量，都可以认为它们是一个存储数据的容器，每种容器都有其固定的大小、名字及其存放的内容。容器的种类就是数据类型，容器的名称就是常量名或变量名，其中存放的内容就是常量或变量的实际值。

1. 整数类型

整数类型是指数学意义上的整数，不包含小数点的数字，按其数值范围，可以分为 byte、short、int、long 等类型，如表 2-1 所示。

表 2-1　整数类型

名　称	占用的内存空间 /B	数值范围
byte	1	$-2^{8} \sim 2^{8}-1$
short	2	$-2^{15} \sim 2^{15}-1$
int	4	$-2^{31} \sim 2^{31}-1$
long	8	$-2^{63} \sim 2^{63}-1$

示例：

```
byte size = 10;
short age = 28;
int width = 1200;
long distance = 25000L;         //系统默认是 int，L 后缀是强调
```

2. 字符类型

字符类型可以分为单字符和多字符两种，单字符使用 char 表示，多字符又称字符串，使用 String 表示。

char 类型的变量在赋值时，需要字符类型的常量，使用单引号括起来；String 类型的变量在赋值时，需要字符串类型的常量，使用双引号括起来。

示例：

```
char sign = 'A';
char firstName =' 王 ';         //使用 UTF-8 编码
String name = " 金庸 ";
```

3. 浮点数类型

浮点数类型是指数学中的小数，即包含小数点的数字，按其精度，可以分为单精度类型 float 和双精度类型 double。

示例：

```
float rate = 3.6f;              //系统默认为 double，需要加上 f 后缀
double price = 7.98;
```

4. 逻辑类型

逻辑类型又称布尔类型，使用 boolean，仅有两种值，即 true 或 false。

示例：

```
boolean result = true;
```

5. 类型转换

在 Java 语言中，数据的本质是二进制代码，因此，是可以进行相互转换的，但在转换过程中，需要注意以下两点：

```
小存储空间的数据类型 -> 大存储空间的数据类型        //自动类型转换
大存储空间的数据类型 -> 小存储空间的数据类型        //强制类型转换
```

不同的数据类型在运算时，运算结果的数据类型取决于大存储空间的数据类型。

【语法】

```
变量名 = 变量名；                              //自动数据类型转换
变量名 = （小存储空间的数据类型）变量名；        //强制类型转换
```

注意：自动数据类型转换总是安全的，但强制数据类型转换不一定是安全的，一定要注意。

示例：

```
byte a = 10;
short b = 100;
```

```
    int c = 300;
    float d = 1.2f;
    double e = 0;             //自动数据类型转换

    b = a;                    //把 a 的值赋值给 b，自动数据类型转换
    a = (byte)b;              //把 b 的值赋值给 a，强制数据类型转换
    /* 把 c 的值赋值给 a，强制数据类型转换，因为 c 的值已经超出了 byte 的表示范围，编译不报错，
但程序结果会错误 */
    a = (byte)c;
    /* 由于 c 和 d 是不同的数据类型，运算的结果是 float 类型，而 e 是 double 类型，所以，这个
表达式最终经过了两次自动数据类型转换 */
    e = c + d;
```

第四节　运算符

Java 的程序是由多个语句组成的，每条语句由表达式和分号 (英文状态) 构成，而表达式则是由变量和运算符连接而成，不同的运算符表达了不同的意义，以下是常用的运算符。

1. 算术运算符

算术运算符用于描述基本的算术运算，各运算符的含义如表 2-2 所示。

表 2-2　算术运算符及其含义

运算符	含　义	备　注
+	算术中的加法	a + b，表示 a 加 b
-	算术中的减法	a-b，表示 a 减 b
*	算术中的乘法	a * b，表示 a 乘以 b
/	算术中的除法	a / b，表示 a 除以 b
%	求余，获取余数	a % b，表示 a 除以 b 后的余数
++	自增，加 1	a++，表示 a 自加 1
--	自减，减 1	b--，表示 b 自减 1

注意：++ 和 -- 有前后之分，++ 或 -- 在变量之前，表示先给变量加 1 或减 1，然后再使用变量，又称先加减再使用；++ 或 -- 在变量之后，表示先使用变量，使用完之后再给变量加 1 或减 1，又称先使用再加减。

示例：

```
    int a = 13;
    int b = 4;
    float c = 4;
    System.out.println(a + b);    //输出 17
    System.out.println(a - b);    //输出 9
    System.out.println(a * b);    //输出 52
    System.out.println(a / b);    //输出 3，因为 a、b 都是整数
    System.out.println(a / c);    //输出 3.25，因为 c 是浮点数
```

```
    System.out.println(a % b);    //输出 1

    //先使用再加减
    System.out.println(a++);      //输出 13
    System.out.println(a);        //输出 14
    //先加减再使用
    System.out.println(--b);      //输出 3
    System.out.println(b);        //输出 3
```

2. 赋值运算符及其扩展

赋值运算是把运算符右边的值或变量的值赋值给运算符左边的变量，有时会涉及数据类型转换，需要重点关注。

赋值运算符及其扩展如表 2-3 所示。

表 2-3 赋值运算符及其扩展

运算符	含 义	备 注
=	简单的赋值	c = a + b，c 是 a 与 b 的和
+=	加和赋值操作	c += a 等价于 c = c + a
-=	减和赋值操作	c-= a 等价于 c = c - a
*=	乘和赋值操作	c *= a 等价于 c = c * a
/=	除和赋值操作	c /= a 等价于 c = c / a
%=	求余和赋值操作	c %= a 等价于 c = c % a
<<=	左移和赋值操作	c <<= a 等价于 c = c << a
>>=	右移和赋值操作	c >>= a 等价于 c = c >> a
&=	按位与和赋值操作	c &= a 等价于 c = c & a
^=	按位异或和赋值操作	c ^= a 等价于 c = c ^ a
|=	按位或和赋值操作	c |= a 等价于 c = c | a

示例：

```
    int a = 13;
    int b = 4;
    int c = 0;

    a += b;
    System.out.println(a); //输出 17
    a %= b;
    System.out.println(a); //输出 1

    /* 此时 a = 1，换算成二进制是 0000 0001，左移 4 位后，变成了 0001 0000，即 16*/
    a <<= b;
    System.out.println(a); //输出 16

    /* 此时 a = 16，换算成二进制是 0001 0000，b = 4，换算成二进制是 0000 0100，两个数
按位进行与运算，结果是 0000 0000，即 0 */
    a &= b;
    System.out.println(a); //输出 0
```

3. 关系运算符

关系运算符是指比较两个操作数的关系，其结果一定是逻辑类型。关系运算符及其含义如表 2-4 所示。

表 2-4 关系运算符及其含义

运算符	含　义	备　注
>	大于	a > b 等价于 a 大于 b
>=	大于或等于	a >= b 等价于 a 大于或等于 b
<	小于	a < b 等价于 a 小于 b
<=	小于或等于	a <= b 等价于 a 小于或等于 b
==	等于	a == b 等价于 a 等于 b
!=	不等于	a != b 等价于 a 不等于 b

4. 逻辑运算符

逻辑运算符是指比较两个逻辑值的关系，其结果一定是逻辑类型。逻辑运算符及其含义如表 2-5 所示。

表 2-5 逻辑运算符及其含义

<table>
<tr><th>运算符</th><th>含　义</th><th>备　注</th></tr>
<tr><td>&&</td><td>逻辑与</td><td>a&&b，a 与 b 都为 True 时，结果为 True</td></tr>
<tr><td>||</td><td>逻辑或</td><td>a||b，a 或 b 任一为 True 时，结果为 True</td></tr>
<tr><td>!</td><td>逻辑非</td><td>!a，a 不为 True 时，结果为 True</td></tr>
</table>

注意：&& 和 || 存在短路特点。&& 之前的表达式如果为假，则 && 之后的表达式不进行运算；|| 之前的表达式如果为真，则 || 之后的表达式不进行运算。

示例：

```
int a = 5;
int b = 3;
int c = 1;
/* 由于b > a为false，则d = false，b>c++ 不进行运算 */
boolean d = (b > a) && (b > c++);
System.out.println(d); //false
System.out.println(c); //由于c没有运算，所以c = 1

/* 由于b > a为false，则d = false，b>++c 不进行运算 */
d = (a > b) || (b < ++c);
System.out.println(d); //true
System.out.println(c); //由于c没有运算，所以c = 1
```

5. 位运算符

位运算符是指先将两个操作数按照二进制方式表示，然后按位进行运算，其运算结果也是一个二进制数，最后把二进制数转换成常见的十进制数。位运算符及其含义如表 2-6 所示。

表 2-6 位运算符及其含义

运算符	含 义	备 注
&	按位与	a & b，a 与 b 按位进行与运算
^	按位异或	a ^ b，a 与 b 按位进行异或运算
|	按位或	a | b，a 与 b 按位进行或运算

6. 字符串连接符

多个字符串可以使用加号（+）进行连接，如果需要频繁地进行字符串拼接，建议使用 StringBuffer 类的 append 方法进行。

7. 运算符的优先级

一个表达式由多个操作符和运算符组成，先进行什么运算，后进行什么运算是由运算符的优先级决定的。

强烈推荐使用括号嵌套方式书写，以便清楚地表明运算符运算的先后关系。

运算符的优先级（从上到下逐级下降）如表 2-7 所示。

表 2-7 运算符的优先级

运算符	说 明	关联性
() [] .	后缀	从左到右
++ -- ! ~	一元运算符	从右到左
* / %	乘除	从左到右
+ -	加减	从左到右
>> <<	位移	从左到右
> >= < <=	关系	从左到右
== !=	关系	从左到右
&	按位与	从左到右
^	按位异或	从左到右
|	按位或	从左到右
&&	逻辑与	从左到右
||	逻辑或	从左到右
? :	三元运算符	从右到左
= += -= *= /= %= >>= <<= &= ^= |=	赋值	从右到左
,	逗号	从左到右

第五节 关键字及注释

1. 关键字

Java 中存在一些系统预先定义好的并且是有特殊意义的标识符，这些关键字不能用于变量名、方法名、类名、包名和参数名。常用关键字如表 2-8 所示。

表 2-8　Java 常用关键字

abstract	assert	boolean	break	byte
case	catch	char	class	const
continue	default	do	double	else
enum	extends	final	finally	float
for	goto	if	implements	import
instanceof	int	interface	long	native
new	package	private	protected	public
return	strictfp	short	static	super
switch	synchronized	this	throw	throws
transient	try	void	volatile	while

2. 注释

被注释的代码并不参与编译，也不会影响程序的运行。

添加注释是一个良好的编程习惯，合理明确的注释可以让代码结构清晰易懂，便于快速理解代码。

Java 中存在以下三种注释：

（1）单行注释：使用双斜杠表示。

（2）多行注释：多行使用 /* 和 */ 括起来。

（3）类的方法注释：在方法的前面使用，用 /** 和 */ 括起来，以便生成方法的文档。

示例：

```
//定义变量 age
int age = 10;

/*
这是多行注释，这里可以描述一些程序的逻辑等，……
这是多行注释，这里可以描述一些程序的逻辑等，……
这是多行注释，这里可以描述一些程序的逻辑等，……
*/

/**
* 获取值的方法
* @return 返回字符串类型的值
*/
public String getValue(){
  return this.value;
}
```

小　　结

通过学习本章内容，我们了解了 Java 语言的基础知识，包括标识符、常量与变量的定义及使用，常用的数据类型及各种运算符，为进一步学习 Java 语言奠定了坚实的基础。

思考题

一、填空题

1. Java 中程序代码必须在一个类中定义，类使用________关键字来定义。

2. 布尔常量即布尔类型，有两个值，分别是________和________。

3. Java 中的注释可以分为三种类型________、________和________。

4. 单行注释以__________开头，多行注释以__________开头，__________结尾，多行文档注释以开头，________结尾。

5. Java 中的变量可分为两种数据类型，分别是________和________。

6. 在 Java 中，byte 类型数据占________字节，short 类型数据占________字节，int 类型数据占________字节，long 类型数据占________字节。

7. 在逻辑运算符中，运算符______和______用于表示逻辑与，______和______表示逻辑或。

8. 若 x=2，则表达式 (x++)/3 的值是________。

9. 若 int a=2;a+=3; 执行后，变量 a 的值为________。

10. 表达式 6/3.0 的结果是________。

11. 如果要得到表达式 25/4 的浮点数结果，表达式应改为________。

12. 表达式 1%5 的结果是________。

13. 设有“int a = 2; double d=2.0;”，下列每个表达式都是独立的，填写表达式的执行结果。

```
a=46/9;                  //执行结果为________
a=46%9+4*4-2;            //执行结果为________
a=45+43%5*23*3%2;        //执行结果为________
a%=3/a+3;                //执行结果为________
d=4+d*d+4;               //执行结果为________
d+=1.5*3+(++a);          //执行结果为________
d-=1.5*3+(++a);          //执行结果为________
```

14. 下列语句的输出结果是________。

```
System.out.println("30+20="+30+20);
```

15. 执行以下三条语句后，a=________，b=________，c=________。

```
int a =1;    int b =a++ ;   int c=++a;
```

16. 执行以下语句，输出结果为________。

```
System.out.println("He said\"Java is fun.\"");
```

17. 已知：int a =8, b=6; 则表达式 ++a-b++ 的值为________。

18. 已知：boolean b1=true, b2; 则表达式 ! b1 && b2 ||b2 的值为________。

19. 已知：double x=8.5, y=5.8; 则表达式 x++>y-- 的值为________。

20. 执行 int x, a = 2, b = 3, c = 4; x = ++a + b++ + c++; 结果是________。

21. Java 中的显式类型转换是________，从高类型向低类型转换是________。

22. 执行下列程序代码的输出结果是________。

```
int a = 10;  int i, j;   i = ++a;   j = a--;
```

23. 执行完 boolean x=false; boolean y=true; boolean z=(x&&y)&&(!y) ; int f=z==false?1:2; 代码后，z 与 f 的值分别是________和________。

24. 对于在程序运行过程中一直不变的值，可以声明成________确保它的值不会被修改，在声明时使用________，还必须________。

25. 在声明类中，方法之内的变量称为________变量。

26. 数据类型转换时，两种数据类型________并且________类型大于________类型，则可以自动进行类型转换。

27. 字面量都有默认类型，整型字面量的默认类型为________，浮点型字面量的默认类型为________。

28. long 类型字面量末尾字母是________，float 类型字面量末尾字母是________，double 的是________。

二、修改下列程序中错误的地方

1.

```
public class Test{
  public static void main(String args[]){
    int i;
    int k=100.0;
    int j =i+1;
  }
}
```

2.

```
public class Test{
  public void main(String args[]){
    float f=12.5;
    int k=f;
    int j =f+1;
  }
}
```

3.

```
public class Test{
  public void main(String args[]){
    byte i=128;
    long k=i*3+4;
    double d =k*3.1;
  }
}
```

4.

```
public class Test{
  public void main(String args[]){
    double d=1234.5;
    long k=long(d);
    long i =k+3.5;
```

```
    }
  }
```

5.

```
public class Test{
  public void main(String args[]){
    char c="a";
    String s="1234";
    c=a;
  }
}
```

三、分析程序，写出运行结果

1.

```
public class Test{
  public void main(String args[]){
    byte b=3;
    b=b+4;
    System.out.println("b="+b);
  }
}
```

2.

```
public class Test{
  public void main(String args[]){
   int x=12;
   {
       int y=96;
       System.out.println("x is"+x);
       System.out.println("y is"+y);
    }
    y=x;
    System.out.println("x is"+x);
  }
}
```

四、编程题

1. 按照以下要求，编写Java代码：

声明一个名为milles的double型变量，初值为100。

声明一个名为MILE_TO_KILOMETER的double型常量，其值为1.609。

声明一个名为kilometer的double型变量，并赋值为11.5，将miles和MILE_TO_KILOMETER相乘，并将结果赋值给kilometer。

在控制台上显示kilometer，现在kilometer的值是多少？

2. 按照以下要求，编写Java代码：

先定义3个变量，分别为圆柱体底面半径、高和体积；

输入半径和高；

计算圆柱体体积；

输出计算结果。

3. 编写程序将磅转换为千克。程序提示用户输入磅数，转换为千克并显示结果。一磅约等于 0.454 千克。

4. 编写一个程序，读入费用与提成率，计算提成与总费用。例如，如果输入 10 作为费用，12% 作为提成率，则显示提成费为 1.2，总费用为 11.2。

5. 编写程序读入 0 ~ 1 000 之间的一个整数，并将其各个位上的数字加起来。例如，整数 832，各位数字之和为 13。

第三章 Java 程序控制

基本的语句只能按部就班地执行程序，但无法应对现实的需求，因此必须存在一套能够控制语句执行的规范，这套规范主要有顺序、分支和循环三种。顺序很好理解，写在前面的语句要先于写在后面的语句执行，本章主要讲解分支和循环。

第一节 分支语句

一、if 分支

if 分支又称 if 条件判断，是常用的分支判断语句。

【语法】

```
if (条件表达式 1)
    条件表达式 1 为真时，需要执行的语句块
[else if (条件表达式 2)]
    条件表达式 2 为真时，需要执行的语句块
[else]
    条件表达式 1 和条件表达式 2 都为假时，需要执行的语句块
```

注意：条件表达式的结果是一个 boolean 类型的数据。

1. if 分支

仅有 if 分支，没有 else if 或 else 部分，常用于单条件判断。

2. if-else 分支

仅有 if 和 else 部分，常用于单条件判断。

3. if-else if 分支

既有 if 分支，也有 else if 分支，常用于多条件判断。

示例：

```
int score = 69;

//if 单条件判断
if (score > 60) {
  System.out.println(" 成绩及格 ");
}

//if-else 判断
if (score > 60) {
  System.out.println(" 成绩及格 ");
} else {
  System.out.println(" 成绩不及格 ");
}

//if-else if 多条件判断
if (score >= 90) {
  System.out.println(" 成绩优异 ");
} else if(score >= 80 && score < 90) {
  System.out.println(" 成绩优秀 ");
} else if(score >= 70 && score < 80) {
  System.out.println(" 成绩良好 ");
} else if(score >= 60 && score < 70) {
  System.out.println(" 成绩一般 ");
} else {
  System.out.println(" 成绩较差 ");
}
```

注意：语句块必须使用花括号（{}）括起来，即使只有一条语句，建议也使用花括号括起来，方便代码阅读。

二、switch 分支

【语法】

```
switch( 变量名 ){
  case 常量 1:
    语句 1;
    break;
  case 常量 2:
    语句 2;
    break;
  default:
    语句 3;
    break;
}
```

注意：与 if 分支不同，switch 分支只能进行等值判断，只有变量的值与指定的常量相等，才能执行相应的语句；而且如果缺少 break 语句，还会向下执行，但 switch 的结构要比 if 分支清晰。

示例：

```
int number = 2;
switch(number){
  case 1:
    System.out.println("话费查询");
    break;
  case 2:
    System.out.println("障碍报修服务");
    break;
  case 3:
    System.out.println("积分查询");
    break;
  default:
    System.out.println("人工服务");
    break;
}
```

第二节 循环语句

循环语句就是重复执行一段代码，直到满足一定的条件才结束循环，可以分成以下几种：

1. while 循环

while 循环的特点是先判断是否满足循环条件，满足条件后才开始循环，当循环条件不满足时退出循环，又称先判断，再循环。

【语法】

```
while(条件表达式){
  条件表达式为真时，需要执行的语句块
}
```

2. do-while 循环

do-while 循环的特点是先循环，然后再判断是否满足循环条件，满足条件后继续循环，不满足条件则退出循环，又称先循环，再判断。

【语法】

```
do{
  条件表达式为真时，需要执行的语句块
}while(条件表达式);
```

3. for 循环

简化版的 while 循环，也是先判断，再循环。

【语法】

```
for(初始化部分;条件表达式;循环变量改变部分){
  条件表达式为真时，需要执行的语句块
}
```

初始化部分一般是设置循环变量的初始值。

4. 三种循环的比较

（1）do-while 无论条件是否满足，都要先执行一次条件满足时才能执行的语句块。

（2）while 和 do-while 的循环变量都在循环体之外。

（3）while 循环中，条件表达式为真时才进入循环，条件表达式为假时退出循环。

（4）do-while 循环中，条件表达式为真时继续循环，条件表达式为假时退出循环。

（5）for 循环的循环变量仅限在循环体内可以访问，循环体外无法访问，这点与 while 与 do-while 不同。

（6）无论哪种循环，都不要忘记改变循环变量的值，否则会导致死循环。

示例：

```
int k = 0;        //循环变量
while(k < 10){
  System.out.println(k);
  k++;            //循环变量的改变
}

k = 0;            //重置循环变量
do{
  System.out.println(k);
  k++;            //循环变量的改变
}while(k < 10);

for(int i = 0; i < 10; i++){
  System.out.println(i);
}
```

5. 循环嵌套

循环之间可以进行多重嵌套，内层循环执行的频率要高于外层循环执行的频率；内层循环可以访问外层循环的变量，但外层循环却无法访问内层循环定义的变量。

示例：（输出九九乘法表）

```
//循环嵌套的例子
for (int i = 1; i <= 9; i++) {
  //一共有九行，内层循环可以访问外层循环的变量 i
  for (int j = 1; j <= i; j++) {
    //每行有 i 个等式
    System.out.print(i + "*" + j + "=" + i * j + "\t");
  }
  System.out.println();
}
```

示例程序运行结果如图 3-1 所示。

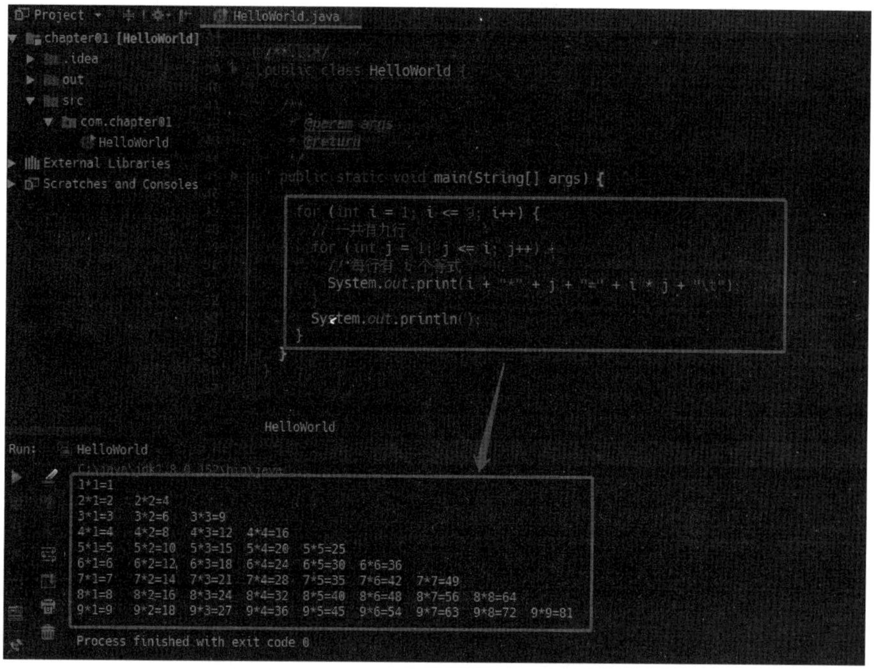

图 3-1　输出九九乘法表

第三节　跳转语句

有时候，单凭流程控制语句，还不能完美地控制程序的运行（比如运行环境变化等因素导致提前结束循环或快速开始下一次循环等），因此，还需要跳转语句进行配合。

1. break 语句

break 语句在 switch 中是指跳出 switch 结构，在循环中是指跳出循环体（也就是提前结束循环）。

示例：

```
int i = 1;
//break 语句测试，输出只到 5
while(i<10){
  System.out.println(i);
  if(i==5){
    break;        // 跳出循环，循环提前结束
  }
  i++;            // 循环变量的改变
}

//break 之后的语句不会被执行，所以 i++ 不会被执行
System.out.println(i); // 输出 5
```

2. continue 语句

continue 语句是指结束本次循环，开始下一轮新的循环，并没有跳出循环体，是提前结束当前正在执行的循环。

示例：

```
int i = 1;
//continue 语句测试，输出中没有 5
while(i<10){
  i++;              //循环变量的改变
  if(i==5){
    continue;       //本次循环提前结束，开始下一次循环
  }
  System.out.println(i);
}
```

3. return 语句

return 语句一般用在方法中，表示方法的返回值。

示例：

```
public static int getAge(){
  return 25;        //表示方法的返回值
}
```

第四节　语句块

Java 的语句块由一对花括号（{}）括起来，表示一个整体，常用于各控制语句、方法体中。

示例：

```
//语句块用于 for
for(int i = 0; i < 10; i++){
  //要执行的语句
}

//语句块用于方法体
public static int getAge(){
  return 25;        //表示方法的返回值
}
```

第五节　方法

目前，我们的代码都是在 main() 方法中编写的，其中包含了不少冗余的重复代码，可读性不好，条理不清晰。

希望把完成相同功能的代码集中起来，形成一个整体，在使用时进行调用，这就是方法的由来。

Java 中的方法相当于 C 语言中的函数，是完成一定功能的已命名的代码块，其目的就是便于组织代码，便于调用。

【声明语法】

```
访问修饰符 返回值类型 方法名(参数列表){
    方法体内的语句
}
```

【调用语法】

```
方法名(实际参数列表)
```

注意：

访问修饰符：public static。

返回值类型：数据类型或 void；如果不为 void，则需要 return 语句，return 语句的结果要和返回值类型兼容。

方法名：符合标识符规范的名称。

参数列表：数据类型 变量名 [, 数据类型 变量名]。

示例：

```
public class HelloWorld {

   /**
   * 入口方法
   * @param args
   * @return
   */
   public static void main(String[] args) {
     int x = 10;
     int y = 20;

     // 调用方法，并将结果赋值给 z
     int z = add(x, y);

     System.out.println(z); // 输出 30
   }

   /**
   * 定义了两个整数相加的方法
   *
   * @param a 第一个数
   * @param b 第二个数
   * @return 返回两个数之和
   */
   public static int add(int a, int b) {
     return a + b;
   }
}
```

示例程序运行结果如图 3-2 所示。

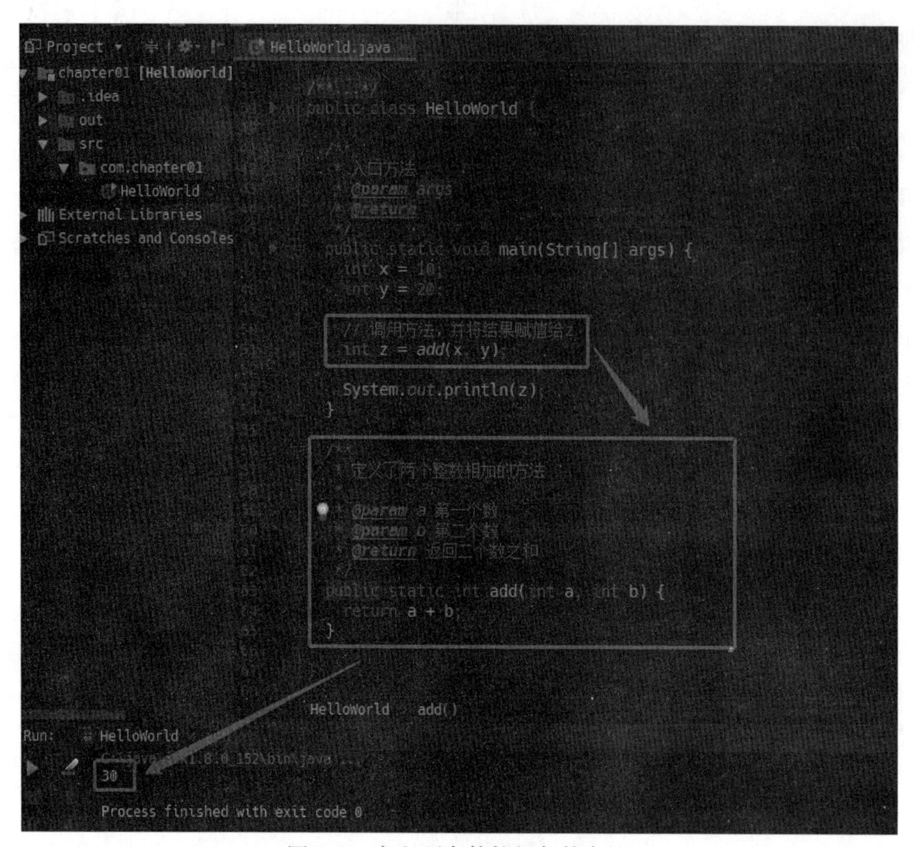

图 3-2　定义两个整数相加的方法

方法声明时的参数是形式上的，所以又称形式参数，方法调用时传递的参数是实际的，又称实际参数。

在传递时，实际参数把其值赋值给形式参数（值传递），然后执行方法中的代码，方法体内的代码改变形式参数时，实际参数不受影响，如果实际参数把其引用赋值给形式参数（引用传递），然后执行方法中的代码，方法体内的代码改变形式参数时，实际参数会受影响。

引用传递等到面向对象时再详细讲解。

示例：

```
public static main(String[] agrs){
  int a = 0;
  // 调用方法，值传递，不改变实参的值
  add(a);
  System.out.println(a); // 输出 0
}

// 定义一个改变形参值的方法
public static void add(int x){
  x += 10;
}
```

第六节 方法重载

方法重载是指在一个类中，方法名相同，但方法的参数列表不同而形成的现象。

参数列表不同包括了参数个数不同或参数类型不同或参数次序不同（很少使用）。

```
public static main(String[] agrs){
  int a = 15;
  int b = 20;
  float c = 1.2f;
  float d = 4.7f;
  String myName = "小明";

  //方法重载测试
  System.out.println(add(a + b));   //输出 35
  System.out.println(add(c + d));   //输出 5.9
  System.out.println(add(myName));  //输出"你好，小明"
}

//定义一个整数相加的方法
public static int add(int x,int y){
  return x + y;
}
//定义一个浮点数相加的方法
public static float add(float x,float y) {
  return x + y;
}
//定义一个字符串相加的方法
public static String add(String name) {
  return "你好，" + name;
}
```

小　结

通过学习本章内容，我们了解了 Java 语言的流程控制语句，包括分支和循环语句，同时，也进一步了解了方法的定义和调用，为进一步学习 Java 语言的面向对象编程奠定了坚实的基础。

思考题

一、填空题

1. 假设 x 为 1，给出下列布尔表达式的结果

```
(x > 0) || (x < 0)       //结果为_______
(x!= 0) ||(x ==0)        //结果为_______
(x >=0)||(x < 0)         //结果为_______
(x!=1)==!(x==1)          //结果为_______
```

2. 写出一个布尔表达式，使得变量 a 中存储的数据在 10 ~ 100 时，表达式值为 true。

3. 已知 char x='a'; char y ='c'; 依次给出下列语句的输出结果。

```
System.out.println(x-y)        //输出结果________
System.out.println(x>y)        //输出结果________
System.out.println(x<y)        //输出结果________
System.out.println(x++ == y)   //输出结果________
```

4. for 循环控制的三部分是________、________和________。

二、选择题

1. 以下选项中，switch 语句判断条件可以接收的数据类型有（　　）。（多选）

A. int　　B. byte　　C. char　　D. short

2. 假设 int x=2，三元表达式 x>0?x+1:5 的运算结果是（　　）。

A. 0　　B. 2　　C. 3　　D. 5

3. 下面程序段运行结束时，变量 y 的值为（　　）。

```
int x=1;
int y =2;
if (x%2==0){
   y++;
}else{
   y--;
}
System.out.println("y="+y);
```

A. 1　　B. 2　　C. 3　　D. 4

4. 在 switch(expression) 语句中，expression 的数据类型不能是（　　）。

A. char　　B. short　　C. double　　D. byte

5. 下列程序 m 的哪些值将引起 "default" 的输出？（　　）

```
switch(m){
  case 0: System.out.println("case 0");
  case 1: System.out.println("case 1"); break;
  case 2:
  default: System.out.println("default");
}
```

A. 0　　B. 1　　C. 2　　D. 3

6. 变量 num 中存储的数据在 10 ~ 100 之间或值为负数时，表达式值为 true。这样的一个布尔表达式是（　　）。

A. (num>10 || num<100) && (num < 0)　　B. (num>10 && num<100) || (num < 0)

C. (num>10) && (num<100) &&(num < 0)　　D. (num>100 && num<10) || (num < 0)

7. 当 x 为 1 时，布尔表达式 “(x!=1)&&(x==1)” 的结果是（　　）。

A. true　　B. 1　　C. false　　D. 0

8. 当 x 为 1 时，布尔表达式 “(true)&&(3>4)” 的结果是（　　）。

A. true　　B. 1　　C. false　　D. 以上都不对

9. 当 x 为 1 时，布尔表达式 “!(x>0)&&(x>0)” 的结果是（　　）。

A. true　　B. false　　C. 0　　D. 以上都不对

10. 假设 x 与 y 都为 int 类型，下列 Java 表达式正确的是（　　）。

A. x>y>0　　B. (x!=0)||(x=0)　　C. x or y　　D. 以上都不对

11. 考虑以下嵌套的 if 语句，说法正确的是（　　）。

```
if(condition1){
    if(condition2){
        statement1;
    }
   else  statement2;
}
```

A. 只有当 condition1 =false 及 condition2=false 时，statement 2 才能执行

B. 无论 condition 2 是什么，只要 condition1=false，statement 2 就能执行

C. statement 2 无论在什么情况下，都不能执行

D. 只有当 condition1=true 及 condition 2=false 时，statement 2 才能执行

12. 以下一段代码执行完毕后 y 的值是（　　）。

```
int x=11;
if (x>5){
    int y=x+5;
}
else{
    int y =x-5;
}
```

A. 16　　B. 6　　C. 11　　D. 0

13. 已知 x=7，y=11，表达式“(x>6||y<=10)”的值为（　　）。

A. 0　　B. false　　C. true　　D. 1

14. 以下说法正确的是（　　）。

A. break 语句在 switch-case 语句中不是必需的，但在 case 语句中若没有 break 语句，执行结果可能会不同

B. switch-case 语句中没必要使用 break 语句

C. switch-case 语句中必须使用 break 语句，否则会引起语法错误

D. 以上都不正确

15. 表达式“z=(6>5)”?11:10 的值是（　　）。

A. 10　　B. 11　　C. 6　　D. 5

16. 下列语句属于循环语句的有（　　）。（多选）

A. for 语句　　B. if 语句

C. while 语句　　D. switch 语句

17. 下列循环语句的循环次数是（　　）。

```
int i=5;
do {
    System.out.println(i--);
    i--;
}while(i!=0);
```

A. 5　　B. 无限　　C. 0　　D. 1

18. 下列代码会出错的行有（　　）。

```
1 public void modify() {
2   int I, j, k;
3   I = 100;
4   while (I > 0) {
5     j = I * 2;
6     System.out.println("The value of j is" + j);
7     k = k + 1;
8     I--;
9   }
10}
```

A. line 4　　B. line 6　　C. line 7　　D. line 8

19. 下列代码执行完后，x 的值为（　　）。

```
int x=1; while(x<73){x*=2;}
```

A. 100　　B. 2　　C. 64　　D. 128

20. 下列代码执行完后，x 的值为（　　）。

```
int x=18; while(x>1){x/=2;}
```

A. 1　　B. 0　　C. 9　　D. 以上都不对

21. 下列代码执行完后，s 的值为（　　）。

```
int s=0; for(int i=1;i<5;i++){s+=i;}
```

A. 10　　B. 15　　C. 5　　D. 以上都不对

22. 下列代码执行完后，s 的值为（　　）。

```
int s=0; for(int i=1;i<5;i+=2){s+=i;}
```

A. 10　　B. 15　　C. 4　　D. 以上都不对

23. 下列代码执行完后，s 的值为（　　）。

```
int s=0;
for(int i=1;i<7;i++){
  if(i%2==0)   continue;
  s+=i;
}
```

A. 16　　B. 9　　C. 6　　D. 以上都不对

24. 给定下列代码，如果 x=0, 当以下 for 循环语句执行完后，x 是（　　）。

```
for(int i=0;i<5;i++)
     x=x+i;
```

A. 10　　B. 15　　C. 5　　D. 4

25. 下段代码执行完毕后，结果为（　　）。

```
int s=0;
for(int i=1;i<10;i++){
  if(i>=5) break;
  s +=I;
}
```

A. 10　　B. 15　　C. 5　　D. 以上都不对

26. 下列语句会执行（　　）次循环。

```
for(int i=1;i<10;i+=3){
  …        //do something
}
```

A. 3　　B. 4　　C. 2　　D. 以上都不对

27. 关于下列循环语句段，正确的说法是（　　）。

```
for ( ; ; ){
  …      //do something
}
```

A. 不做循环　　B. 无限循环下去　　C. 循环 1 次　　D. 以上都不对

28. 执行下列代码，正确的说法是（　　）。

```
int x=1;int s=0;while(x<5){s+=x;}
```

A. 结果是 x=1，s=10　　B. 程序陷入死循环

C. 结果是 x=5，s=10　　D. 以上都不对

三、写出程序运行结果

1.

```
class TestApp{
  public static void main (String[] args){
    for(int  i=0; i<10;i++){
          if(i==3)
             break;
          System.out.print (i);
    }
  }
}
```

2.

```
class WhileTests  {
  public static void main (String [] args)  {
     int x=5;
     while (++x<4)  {
          --x;
     }
     System.out.println("x="+x);
  }
}
```

3.

```
class Foo  {
  public static void main (String  []  args)  {
    int x=0;
    int y=4;
    for (int  z=0;  z<3;  Z++;  X++)  {
      if(x>1&++y<10)
        y++;
    }
    System. out .println (y);
  }
}
```

第四章 Java 面向对象编程基础

面向对象编程（Object Oriented Programming，OOP）是一种计算机编程架构，是为了达到软件工程的三个主要目标：重用性、灵活性和扩展性而产生的。

在 OOP 之前，以面向过程编程为主，一个主函数，多个子函数，相互调用，全局变量满天飞，各子函数的职责不清晰，稍有不慎，就会出错，于是，人们就在思考一个问题，为什么不把数据和处理这些数据的函数包装起来呢？包装后，数据之间的界限清晰了，处理数据的函数功能也明确了，编程世界再也不乱了，因此，类就孕育而生了。

第一节　类与对象

现实世界中只有具体的对象，如张三、李四，没有所谓的类，类是人们为了便于理解而创造的虚拟概念，类是一些具有相同特征的对象的抽象。

在 Java 语言中，类是一种数据类型，它和整数类型一样，是用于描述数据的，它是一种可以由我们按照规范进行定义的数据类型。

1. 数据类型的分类

在以前的章节中，使用过 int、long、float、boolean 和 String 等系统预定义的数据类型，但并没有对这些数据类型进行分类，其实，数据类型可以分成两大类：值类型和引用类型。

值类型：又称基础数据类型，包括 byte、short、int、long、float、double、boolean 和 char，共 8 种，这些数据类型比较简单，在赋值时，是把自己值的副本复制给被赋值的变量，又称值传递，当被赋值变量的值发生变化时，并不影响自己。

引用类型：包含了 String、系统预定义的类和自己定义的类，这些数据类型比较复杂，除了自身包含数据外，还有处理数据的方法，这些数据类型声明的变量通常称为对象（声明时，使用 new 关键字），这些对象在赋值时，是把自己的内存地址的副本复制给被赋值的对象，又称引用传递，由于二者指向同一个内存地址，所以，实际上是一块内存地址，有两个不同的名字而已，任何一个的变化都会影响到另一个。

特殊的引用类型 String：按照引用类型的特点，如果给一个字符串对象 s1 赋值后，再把 s1 赋值给另一个字符串对象 s2，若 s2 发生改变，则 s1 也会有相应的变化，但实际上 s1 是不变的，这又称 String 的不变性。Java 在设计之初，就考虑到 String 是一个很常用的数据类型，而且为了提高效率，专门为 String 创建了字符串常量池，其运行机制与一般的引用类型也略有区别。

示例：

```
public class Test{
  public static void mian(String[] args){
    /* 值传递测试 */
    int a = 10;
    int b = a;                    // 值传递
    b = 20;                       // 值类型的数据发生变化
    System.out.println(a);        // 输出 10
    System.out.println(b);        // 输出 20

    /* 引用传递测试 */
    // 使用 new 关键字定义一个对象
    Person p1 = new Person();
    p1.name = " 张三 ";
    Person p2 = p1;               // 引用传递
    p2.name = " 李四 ";            // 引用类型的数据发生变化
    System.out.println(p1.name); // 输出李四
    System.out.println(p2.name); // 输出李四

    /* String 不变性测试 */
    String s1 = new String(" 张三 ");
    String s2 = s1;               // 引用传递
    s2 =" 李四 ";                  // 引用类型的数据发生变化
    System.out.println(s1);       // 输出张三
    System.out.println(s2);       // 输出李四
  }
}

// 定义一个简单的类 Person，其中包含了一个属性 name
class Person {
  public String name;
}
```

2. 对象与类的关系

类是对象的抽象，是对象创建的模板，同一个类创建的对象具有相同的属性和方法，只是这些对象的属性值不同而已。

在程序中，必须先定义类，然后才能使用定义好的类去创建需要的对象，试想一下，以前章节中使用的数据类型不都是系统预先创建好之后才可以使用的吗？创建对象必须使用 new 关键字，对象只是变量名的另一个称呼而已。

第二节　类的成员

类是对象的抽象，它定义了对象所拥有的数据及这些数据的处理方法，这些统称为类的成员。在类中，对象所拥有的数据称为属性成员，处理数据的方法称为方法成员。

【类的定义】

```
class 类名 {
  属性成员定义
  方法成员定义
}
```

【对象的定义】

```
类名 对象名 = new 类名 ();
```

【对象的使用】

```
对象名 . 属性名
对象名 . 方法名 ( 实际参数列表 )
```

1. 属性成员

属性成员指对象所拥有的数据，其定义方式与定义变量是一样的。

【语法】

```
public 数据类型 变量名称 ;
```

2. 方法成员

方法成员指对象所拥有的用于处理数据的方法，其定义方式与定义方法是一样的。

【语法】

```
public 返回值类型 方法名 ( 参数列表 ){
  // 方法体内的代码
}
```

3. 构造方法

构造方法是特殊的方法成员，是类在创建对象时需要调用的，其作用是初始化对象的数据，其方法名必须是类名，并且没有返回值，可以有多个包含不同参数的构造方法来便于初始化对象，如果不定义构造方法，编译器会自动创建一个无参数的构造方法，如果定义了构造方法，编译器则不会自动创建。

【语法】

```
public 类名 ( 参数列表 ){
  // 对象初始化代码
}
```

示例：

```
public class Test{
  public static void main(String[] args){
    // 定义 p1 对象，调用了无参数的构造方法
```

```
        Person p1 = new Person();
        // 调用对象的方法
        p1.showMe();        // 输出名字：孙悟空，年龄：600

        // 定义 p2 对象，调用了带参数的构造方法
        Person p2 = new Person("牛魔王",800);
        // 调用对象的方法
        p2.showMe();        // 输出名字：牛魔王，年龄：800

        // 调用对象的属性
        p1.name ="红孩儿";
        p1.showMe();        // 输出名字：红孩儿，年龄：600
    }
}

// 定义一个类
class Person {
    // 定义属性成员
    public String name;
    public int age;

    // 定义构造方法
    public Person(){
        this.name ="孙悟空";
        this.age = 600;
    }

    public Person(String name,String age){
        this.name = name;
        this.age = age;
    }

    // 定义方法成员
    public void showMe(){
        System.out.println("名字：" + this.name + "，年龄："+ this.age);
    }
}
```

第三节　this 和 static 关键字

在定义类中的方法时，使用了 this 关键字，this 表示对当前对象的引用，是一个动态概念，与之相对的另一个关键字是 static，static 表示类的意思，是一个静态概念。

this 是当前对象的引用，static 是一个修饰符。

this 强调的是当前对象，每个对象都不同（主要是属性值不同），而 static 强调的是整个类，是该类定义的所有对象共享的内容。所以，使用 this 开头的属性都表示每个对象特有的属性值，而 static 修饰的属性或方法都是属于类的属性和方法，是所有对象共享的。

static 修饰的属性和方法只能访问另一个使用 static 修饰的属性和方法，不能访问非 static 修饰的属性和方法；但非 static 修饰的属性和方法却可以访问 static 修饰的属性和方法。

在程序代码中，一般使用对象访问非 static 修饰的属性和方法，使用类访问 static 修饰的属性和方法。this 也不能用于 static 修饰的方法中。

综上所述，类的成员又可以细分为静态成员（使用 static 修饰）和非静态成员，静态成员包含了静态属性和静态方法，属于类的属性和方法，非静态成员包含了非静态属性和非静态方法，属于对象的属性和方法，非静态成员可以访问静态成员，反之则不行。

示例：

```
public class Test {
  public static void main(String[] args){
    Person p1 = new Person("唐僧",25);
    Person p2 = new Person("孙悟空",600);

    //使用对象调用非静态方法
    p1.showMe();                //输出名字：唐僧，年龄：25
    //使用类调用静态方法
    Person.showCount();         //输出创建的对象总数：2
  }
}

//定义一个类
class Person {
  //定义一个静态属性用于计数
  public static int count;
  //定义非静态属性
  public String name;
  public int age;

  //构造方法
  public Person(String name,int age){
  this.name = name;
  this.age = age;
    //非静态方法可以访问静态属性
    count++;
  }

  //定义一个非静态方法
  public void showMe(){
    System.out.println("名字：" + this.name + "，年龄：" + this.age);
  }

  //定义一个静态方法
  public static void showCount(){
    //静态方法只能访问静态属性 count
    System.out.println("创建的对象总数：" + count);
  }
}
```

第四节 Object 类

在 Java 语言中，Object 类是所有类的始祖，所有 Java 类都继承于 Object 类。

在 Object 类中，有三个常用方法，即 toString()、equals() 和 hashCode()，定义的类都继承于 Object 类，所以，自定义的类都有这三个方法，严格意义上讲，用户都应该重写这三个方法，除非在代码中不会调用这三个方法。

1. toString() 方法

toString() 方法是把类转换成字符串描述的方式，如果在自己定义的类中没有重写该方法，则在输出时显示对象的地址（类名 @ 对象的内存地址），建议重写该方法。

2. equals() 方法

equals() 方法用于比较两个对象是否相等。对于值类型的数据，比较使用关系运算符 (==)，而对于引用类型的数据，如果使用关系运算符 (==)，则比较的是内存地址，而非数据，同时 Object 类的 equals() 方法默认也是在比较内存地址，所以，对于引用类型的数据，需要重写 equals() 方法，并指明相等的具体含义（哪些属性值相等才能算是相等），建议重写该方法。

3. hashCode() 方法

hashCode() 方法就是根据一定的规则将与对象相关的信息（如对象的存储地址，对象的字段等）映射成一个数值，这个数值称为散列值，通过该散列值可以快速帮助 JDK 找到对象。

一般重写 equals()，必定要重写 hashCode() 方法。二者重写后，当 equals() 相同时，hashCode() 必定相同，equals() 不同时，hashCode() 必定不同。

重写 hashCode() 对于把对象加入到集合中有很大的影响（比如 Map 集合如果以对象为 key，则要求 key 不能重复，如果没有重写对象的 hashCode() 方法，则会导致加入重复的 key），建议重写该方法。

示例：

```
public class Test {
  public static void main(String[] args){
    Person p1 = new Person("唐僧",25);
    Person p2 = new Person("孙悟空",600);
    Person p3 = new Person("孙悟空",600);

    //测试 toString()
    System.out.println(p1);                    //输出 name=唐僧,age=25
    //测试 equals()
    System.out.println(p1.equals(p2));         //输出 false
    System.out.println(p3.equals(p2));         //输出 true

    //测试 hashCode()
    Map map = new HashMap();
    map.put(p2,10);                            //把对象作为 key 加入到集合中
    map.put(p3,20);                            //把对象作为 key 加入到集合中
    //由于 p3 和 p2 相等，所以第二次会覆盖第一次的值
```

```
        System.out.println(map.size());         // 输出 1
        System.out.println(map.get(p2));        // 输出 20
    }
}

//定义一个类
class Person {
    public String name;
    public int age;

    //构造方法
    public Person(String name,int age){
        this.name = name;
        this.age = age;
    }

    //重写 toString() 方法
    @Override
    public String toString(){
        return "name=" + this.name + ",age" + this.age;
    }

    //重写 equals() 方法
    @Override
    public boolean equals(Object obj){
        //判断参数是否为相同类型的对象
        if(obj instanceof Person){
            Person p = (Person)obj;
            //两个属性都要相等才算相等
            return (this.name.equals(p.name) && this.age == p.age);
        }
        return super.equals(obj);
    }

    //重写 hashCodeu 方法
    @Override
    public int hashCode(){
        return Objects.hash(name,age);
    }
}
```

小　　结

通过学习本章内容，我们了解了 Java 语言中 OOP 的基本知识，学会了如何定义和使用类，搞清楚了对象和类之间的关系，明白了 Object 类的作用，深刻体会了引用类型的特点，向掌握 OOP 的方向迈了一大步。

思考题

一、填空题

1. 面向对象的三大特征是________、________和________。

2. 在Java中，可以使用关键字________来创建类的实例对象。

3. 定义在类中的变量称为________；定义在方法中的变量称为________。

4. 面向对象程序设计的重点是________的设计，________是用来创建对象的模板。

5. 在非静态成员方法中，可以使用关键字________访问类的其他非静态成员。

6. 当一个对象被当成垃圾从内存中释放时，它的________方法会被自动调用。

7. 被static关键字修饰的成员变量称为________，它可以被该类所有的实例对象共享。

8. 在一个类中，除了可以定义属性、方法，还可以定义类，这样的类称为________。

9. 在Java中，提供了________命令，用于将程序中的文档注释提取出来，生成HTML格式的帮助文档。

10. 所谓类的封装是指在定义一个类时，将类中的属性私有化，即使用________关键字来修饰。

二、程序改错

1.

```
public class ShowErrors{
  public static void main(String args[]){
     ShowErrors t = new ShowErrors(5);
  }
}
```

2.

```
public class ShowErrors{
  public static void main(String args[]){
     ShowErrors t = new ShowErrors();
     t.x();
  }
}
```

3.

```
public class ShowErrors{
  public void method1(){
     Circle c;
     System.out.println("what is radius"+c.getRadius());
     c =new Circle();
  }
}
```

4.

```
public class ShowErrors{
  public static void main(String args[]){
     C c = new C(5.0);
     t.x();
```

```
        System.out.println(c.value);
    }
}
class C{
    int value =2;
}
```

5.

```
public class C{
    int p;
    public void setP(int p){
        p=p;
    }
}
```

6.

```
public class Test{
    private double code;
    public double getCode(){
        return code;
    }
    Protected abstract void setCode(double code);
}
```

三、分析程序题

阅读下面的程序，分析代码是否能够编译通过，如果能编译通过，请列出运行的结果，否则说明编译失败的原因。

1.

```
class A{
    private int secret  =5;
}
public class Test1{
    public static void main(String args[]){
        A a=new A();
        System.out.println(a.secret++);
    }
}
```

2.

```
public class Test2{
    int x =50;
    static int y=200;
    public static void method(){
        System.out.println(x+y);
    }
    public static void main(String args[]){
        Test2.method();
    }
}
```

3.

```
final class Animal{
  public final void shout(){
    //程序代码
  }
}
class Dog extends Animal{
  public void shout(){
    //程序代码
  }
}
public class Test02{
  public static void main(String args[]){
    Dog dog =new Dog();
  }
}
```

4.

```
class Animal{
  void shout(){
    System.out.println("动物叫！ ");
  }
}
class Dog extends Animal{
  void shout(){
    super.shout();
    System.out.println("汪汪....");
  }
}
public class Test03{
  public static void main(String args[]){
    Animal animal =new Dog();
    animal.shout();
  }
}
```

5.

```
interface Animal{
  void breathe();
  void run();
  void eat();
}
class Dog implements Animal{
  public void breathe(){
   System.out.println("I'm breathing.");
  }
  public void eat(){
   System.out.println("I'm eating.");
  }
}
```

```
public class Test04{
  public static void main(String args[]){
    Dog dog =new Dog();
    dog.breathe();
    dog.eat();
  }
}
```

四、写出下列程序的运行结果

1.

```
class StaticTest{
  static int x=1;
  int y;
  StaticTest(){
    y++;
  }
  public static void main(String args[]){
   StaticTest st = new StaticTest();
   System.out.println("x="+x);
   System.out.println("st.y="+st.y);
   st=new StaticTest();
   System.out.println("st.y="+st.y);
  }
  static{
    x++;
  }
}
```

2.

```
public class Test01{
  public static void main(String args[]){
    Circle circle1 = new Circle(1);
    Circle circle2 = new Circle(2);
    swap1(circle1, circle2);
    System.out.println("After swap1:circle1="+circle1.radius+"circle2="+circle2.radius);
    swap2(circle1, circle2);
    System.out.println("After swap2:circle1="+circle1.radius+"circle2="+circle2.radius);
  }
  public static void swap1(Circle x, Circle y) {
    Circle temp =x;
    x=y;
    y=temp;
  }
  public static void swap2(Circle x, Circle y) {
    double temp =x.radius;
    x.radius=y.radius;
    y.radius=temp;
```

```
    }
  }
  class Circle{
    double radius;
    Circle(double newRadius) {
      radius = newRadius;
    }
  }
```

3.

```
public class Foo{
  private boolean x;
  public static void main(String args[]){
    Foo foo = new Foo();
    System.out.println(foo.x);
  }
}
```

4.

```
class StaticStuff{
  static int x;
  static{
    System.out.println("x1="+x);
    x+=5;
  }
  int y;
  StaticStuff(){
    y++;
  }
    public static void main(String args[]){
    System.out.println("x2="+x);
  }
  static{
    System.out.println("x3="+x);
    x%=3;
  }
}
```

5.

```
interface A{
  void print();
}
class C{}
class B extends C implements A{
  public void print(){
  }
}
public class Test{
  public static void main(String args[]){
    B b = new B();
```

```
    if(b instanceof A)
      System.out.println("b is an instance of A");
    if(b instanceof C)
      System.out.println("b is an instance of C");
  }
}
```

6.

```
public class C{
  public static void main(String args[]){
    Object o[] = {new A(),new B()};
    System.out.println(o[0]);
    System.out.println(o[1]);
  }
}
class A extends B{
  public String toString() {
    return "A";
  }
}
class B{
  public String toString() {
    return "B";
  }
}
```

7.

```
class A{
  public A(){
    System.out.println("The default constructor of A is invoked");
  }
}
class B extends A{
  public B(String s) {
    System.out.println(s);
  }
}
public class C{
  public static void main(String args[]){
    B b = new B("The constructor of B is invoked");
  }
}
```

五、编程题

1．设计并实现一个圆锥类，编写构造方法，其成员变量为底面半径和高；成员方法有计算底面面积和体积。使用该类在main()方法中生成一个圆锥对象，并计算圆锥底面面积和体积。

2．设计一个名为Car的类，具体要求如下：

（1）int类型的成员变量speed表示汽车的速度(默认值为0)；Boolean型的成员变量on表示

汽车是否启动(默认值为 false);double 类型的成员变量 weight 表示汽车质量(t,默认值为 1.2);String 类型的成员变量 color 表示汽车的颜色(默认值为 blue)。

(2)用无参构造方法创建默认汽车。

(3)编写设置和存取这些数据域的方法。

(4)toString() 方法用于描述汽车的字符串,如果汽车启动,该方法返回汽车的速度、颜色和质量。如果汽车不在启动状态,该方法返回字符串 "car is off",以及汽车的颜色和质量等信息。

3. 编写一个测试程序,创建两个 Car 对象,第一个对象设置为 120 km/h、1.5 t、black、启动。第二个对象设置为 0 km/h、1.2 t、red、关闭。通过调用 toString() 方法显示两个对象的信息。

4. 设计并实现一个员工(Employee)类,其成员变量有:姓名、性别、工龄、基础工资、岗位津贴、效益工资;成员方法有:

(1)计算应付工资(基础工资 + 岗位工资 + 效益工资)。

(2)计算个人所得税 (3 500 以下免税,超出 3 500 以上部分缴纳 3%)。

(3)实发工资(应付工资 - 个人所得税)。

在 main() 方法中生成一个员工对象,并显示该员工的姓名、性别、工龄、应付工资和实发工资。

5. 设计一个 Student 类和它的一个子类 Undergraduate,要求如下:

(1)Student 类有 schoolname(学校名称)、name(姓名)和 age(属性),将具有相同属性值的属性设置为静态属性。一个包含无参无内容的空构造方法,一个具有两个参数的构造方法,用于给 name 和 age 属性赋值,一个 introduce() 方法打印 student 的属性信息。

(2)本科类 Undergraduate 增加了一个 degree(学位)属性,新增一个包含三个参数的构造方法,前两个参数用于给继承的 name 和 age 赋值,第三个参数给 degree 赋值,重写父类方法 introduce(),用于打印 Undergraduate 的三个属性信息。

(3)在测试类中分别创建 Student 对象和 Undergraduate 对象,调用它们的 introduce() 方法。

6. 编写 Circle 类,代表圆,要求具有如下成员:

(1)成员变量 r,double 型,代表半径。

(2)构造方法 Circle(double r)。

(3)存取 r 的 get() 和 set() 方法。

(4)计算圆面积的 double getArea() 方法。

(5)计算圆周长的 double getPerimeter() 方法。

编写圆柱类 Column,要求继承 Circle 类,要求如下:

(1)添加成员变量 h,double 型,代表圆柱的高。

(2)构造方法 Column(double r,double h)。

(3)计算圆柱表面积的 double getArea() 方法。

(4)计算圆柱体积的 double getVolume() 方法。

7. 编写一个计算图形面积的程序,程序应当能够计算并输出矩形、圆的面积。为了程序的未来扩展,设计一个图形抽象类 shape,在此基础上派生出 Rectangle 类和 Circle 类。

Rectangle 类基本信息:宽度、高度。

Circle 类基本信息：圆心坐标、半径。

每个图形类有多个构造方法：默认构造方法、带参数的构造方法；成员变量为 private 属性，成员方法为 public 属性。

每个图形类有计算图形面积的 getArea() 方法，显示图形基本信息的 toString() 方法，以及访问方法 set() 和 get()。

8．设计一个 Shape 接口和它的两个实现类 Square 和 Circle，要求如下：

（1）Shape 接口有一个抽象方法 area()，返回一个 double 类型的结果。

（2）Square 有一个 double 属性 a，表示边长，实现了 Shape 接口的 area 抽象方法，求正方形的面积，并返回。可以通过构造方法为属性赋初始值。

（3）Circle 有一个 double 属性 r，表示半径，实现了 Shape 接口的 area 抽象方法，求圆形的面积，并返回。可以通过构造方法为属性赋初始值。

（4）在测试类中创建 Square 和 Circle 对象，再创建一个静态方法，根据传入的对象来计算边长为 2 的正方形面积和半径为 3 的圆形面积，实现多态。

第五章 Java 面向对象编程进阶

在面向对象编程中，使用类与对象可以解决很多传统编程中的问题（比如变量的范围控制、函数的分类等），但是，类多了也会出现新的问题：类之间有什么关系？如何复用已存在的类？如何能够“以不变应万变”？本章则帮读者解开这些谜团。

第一节　类的继承

继承是 OOP 的三大特征之一。

类之间是可以继承的，这个继承的概念来自生物学，儿子像父亲是因为儿子身上有父亲的基因，同理，类的继承也是由父类和子类来体现的，子类拥有父类的所有属性和方法，父类却不能拥有子类的属性和方法。

Java 语言中一个子类只能有一个父类，又称单根继承。Java 语言中使用 extends 关键字表示继承关系。

【语法】

```
class 子类名 extends 父类名 {
  // 子类的定义
}
```

示例：

```
public class Test{
  public static void main(String[] args){
    Father father = new Father();
    father.name = "牛魔王";
    father.age = 800;
    father.showMe();            // 输出 name= 牛魔王，age=800

    // 定义子类对象
    Son son = new Son();
    // 子类对象拥有父类定义的属性
```

```
    son.name = "红孩儿";
    son.age = 300;
    //子类对象特有的属性
    son.hobby = "喷火";

    //子类对象拥有父类定义的方法
    son.showMe();              //输出 name=红孩儿，age=300
    //子类对象特有的方法
    son.showHobby();           //输出 my hobby is 喷火
  }
}

//定义父类
class Father {
  public String name;
  public int age;

  public void showMe(){
    System.out.println("name=" + this.name + ",age=" + this.age);
  }
}

//定义子类
class Son extends Father {
  //定义子类特有的属性
  public String hobby;

  //定义子类特有的方法
  public void showHobby(){
    System.out.println("my hobby is" + this.hobby);
  }
}
```

现实世界中，子承父业，青出于蓝而胜于蓝，在 OOP 的世界中可以通过方法重写的方式来实现（第四章中已经使用了类重写 toString()、equals() 和 hashCode() 方法）。子类可以重写父类所定义的方法，以便进行更好的实现。

示例：

```
public class Test{
  public static void main(String[] args){
    Father father = new Father();
    System.out.println(father.work());

    Son son = new Son();
    System.out.println(son.work());
  }
}

//定义父类
```

```
class Father {
  public String work(){
    return "父类工作方式：一次做一件事";
  }
}

//定义子类
class Son extends Father {
  @Override
  public String work(){
    return "子类工作方式：一次做一件事，同时听音乐";
  }
}
```

注意：

方法重写最好使用注解 @Override 进行标识，而且要求子类方法必须和父类中方法的定义完全一致，只是方法体中的实现不同。

方法重写与方法重载的区别：

（1）方法重写是在子类和父类中发生的，方法重载是在一个类中发生的。

（2）方法重写要求子类和父类的方法定义完全一致，方法重载要求多个方法名称必须一致，而参数不能相同。

虽然继承使得子类拥有了父类的一切，但有一个例外，就是子类无法拥有父类的构造方法。

在产生子类对象时，系统会先调用父类的构造方法，然后再调用子类的构造方法来初始化子类对象。如果父类没有默认的无参数的构造方法，则子类也不能有默认的无参数构造方法。

在子类中如何访问父类的构造方法？如何调用父类的一般方法？答案是使用 super 关键字。

在 Java 语言中，使用 super 表示父类，super() 表示父类的构造方法，而且，在子类构造方法中，super() 必须是代码的第一行。

示例：

```
public class Test{
  public static void main(String[] args){
    Father father = new Father("牛魔王");

    //创建子类对象会调用父类的构造方法
    Son son = new Son("红孩儿","喷火");
    //子类中通过 super 关键字调用父类的方法
    son.doSomeThing();
  }
}

//定义父类
class Father {
  public String name;
  //父类定义的带参构造方法
  public Father(String name){
```

```
        this.name = name;
    }

    public void say(){
        System.out.println(" 父类的方法 say");
    }
}

//定义子类
class Son extends Father {
    public String hobby;
    //子类的构造方法
    public Son(String name, String hobby){
        //必须在第一行调用父类的构造方法，并传入参数 name
        super(name);
        //初始化子类的属性
        this.hobby = hobby;
    }

    public void doSomeThing(){
        //在子类中通过 super 关键字调用父类的方法 say
        super.say();
        System.out.println(" 子类做一些事 ...");
    }
}
```

如果一个类不想被子类继承该如何呢？可以使用 final 关键字进行修饰。使用 final 关键字修饰的类是不能被继承的，最典型的是系统预先定义的 String 类。一般使用 final 修饰的类都是工具类，其作用就是提供一些常用的方法以便调用。

【语法】

```
final class 类名 {
    //类的定义
}
```

也可以使用 final 关键字修饰类中的属性和方法，说明不变的意思。被 final 修饰的属性只能在定义时赋值，在代码的其他地方只能引用，而不能被修改；被 final 修饰的方法不能被子类重写。

【语法】

```
final 属性类型 变量名;
final 返回值执行 方法名(参数列表){
    //方法的实现代码
}
```

示例：

```
public class Test{
    public static void main(String[] args){
        StringUtils stringUtils = new StringUtils();
        System.out.println(stringUtils.getCurrentDateStr());
```

```
    }
}

final class StringUtils{
    // 获取当前日期
    public final String getCurrentDateStr(){
        return new SimpleDateFormat("yyyy-MM-dd").format(new Date());
    }
}
```

第二节　访问权限

以前在定义类时，其属性和方法都使用 public 关键字修饰，public 是一个修饰符，表示公有的意思，也就是对这个类的所有对象都是开放的，所以，使用对象可以很方便地访问它们。

访问方便的同时，也是不安全的表现。只要获取一个类的实例（该类对象的另一个称呼），就能获知这个类或其父类的所有属性及方法，这不符合现实中的情景。

现实中，父亲总有一些事情(比如银行密码)不希望别人知道，也总有一些事情(比如家族历史)仅希望子女知道，外人不足道也，因此，Java 语言中除了 public 关键字外，还有 private 和 protected 这两个关键字用于隐藏类的属性或方法。在 Java 语言中，使用 private 关键字修饰的属性或方法属于类的私有属性或方法，只能在类的定义中使用，该类产生的对象是不能访问的；使用 protected 关键字修饰的属性或方法只能被本类或子类的对象访问，非本类或子类的对象是不能访问的。

示例：

```
public class Test {
    public static void main(String[] args){
        Father father = new Father();
        // 本类可以访问自定义的保护属性
        father.history += "未完待续";

        Son son = new Son();
        son.history += "未来由我续写辉煌";
        /* 输出我的父亲告诉我：一段不为人知的历史...未来由我续写辉煌 */
        System.out.println(son.getFamilyHistory());
    }
}

class Father {
    // 定义类的私有属性，只有类内部才能访问
    private String password;
    // 定义类的保护属性，只有子类才能访问
    protected String history;

    // 类的构造方法
```

```
    public Father(){
      // 调用类的私有方法
      setInfo();
    }

    // 定义类的私有方法，只能被类中的方法访问
    private void setInfo(){
      // 在类的方法中可以访问私有属性
      this.password = "pwd@123456";
      // 在类的方法中可以访问保护属性
      this.history =" 一段不为人知的历史 ...";
    }

    // 定义类的保护方法，用于给子类调用
    protected String getHistory(){
        return this.history;
    }
  }

  // 定义子类继承父类
  class Son extends Father {
    public void write(){
      // 子类中可以访问父类的保护属性
      System.out.println(super.history);
    }

    public String getFamilyHistory(){
      String tmp = " 我的父亲告诉我: ";
      // 子类中可以调用父类的保护方法
      tmp += super.getHistory();
      return tmp;
    }
  }
```

第三节　封装

封装是 OOP 三大特征之一，是指把数据和对数据操作的方法包装到一个类中，在类的外部不能直接访问数据，必须通过调用对数据操作的方法进行访问。

封装是非常重要的，因为：

(1) 封装提高了数据的安全性，调用者不能通过变量名.属性名的方式轻易修改某个对象的私有属性。

(2) 封装后操作简单，调用者直接访问类提供的属性访问器（setter 和 getter）即可设置或获取私有属性的属性值。

(3) 封装后，对调用者来说，实现者隐藏了具体的实现过程。

封装主要体现在以下几点：

（1）使用 private 修饰符对数据进行修饰。

（2）使用 public 修饰符修饰对数据的访问方法（又称 setter() 方法和 getter() 方法）。

（3）如果某个属性是只读的，仅使用 public 修饰其 getter() 方法即可，对其赋值可以在构造方法或其他方法中完成。

（4）如果某个属性是只写的，仅使用 public 修饰其 setter() 方法即可，可以在其他方法中读取其属性值。

示例：

```
public class Test{
  public static void main(String[] args){
    Student stu = new Student();
    //调用 setter 属性访问器设置对象的属性
    stu.setName("张三");
    stu.setAge(25);
    //调用 getter 属性访问器获取对象的属性
    System.out.println("姓名: " + stu.getName());
    System.out.println("年龄: " + stu.getAge());
  }
}

//定义了一个类
class Student{
  //使用 private 修饰私有属性 name 和 age
  private String name;
  private int age;

  //使用访问器 getter 和 setter 访问私有属性
  public void setName(String name){
      this.name = (name != null ? name : "无名氏");
  }
  public String getName(){
    return this.name;
  }

  public void setAge(int age){
    this.age = age;
  }
  public int getAge(){
    return this.age;
  }
}
```

注意：

（1）在类中定义属性时，一般遵守驼峰命名规则（第一个单词的首字母小写，以后的单词首字母必须大写，如 name、myAge、firstName 等）。

（2）属性访问器 setter 主要是给对象的属性赋值，一般没有返回值（void），其名称必须符合驼峰命名规则。

（3）在 setter 中，可以先对传入的参数进行判断或处理，之后再赋值，这样比较安全。

（4）属性访问器 getter 主要是获取对象的属性值，其返回值必须与属性定义的数据类型一致。

（5）如果是 boolean 类型的属性，其 getter 属性访问器的名称是 is 开头的，强烈建议在类中不要使用 is 开头定义 boolean 类型的属性名。

第四节 多态

多态是 OOP 三大特征之一。是指相同的操作对于不同的对象，会产生不同的结果。

生活中，父债子还是常事，但几个儿子境况却不同，遇到境况好的，能要到钱，遇到境况差的，只能白走一趟。对于债主而言，只有讨债的方法，但遇到不同境况的儿子们，结果也是不一样的，这就是生活中多态的一种体现。

既然每次没有确定的结果，那为什么还要使用多态呢？大家可以试想一下，如果债主每次都到家境比较好的儿子那里讨债，这样是不是把债主和家境较好的儿子的关系绑定死了，一旦讨债，就去家境较好的儿子那里，万一其他儿子的条件变好了呢？万一家境较好的儿子遇到灾难呢？所以，债主不能把讨债和家境较好的儿子的关系绑定死了，但又不能不讨债，只能把讨债与债主相关联（父亲），这样，只要是债主的儿子，就可以进行讨债，还债者具有了可替换性（这个儿子还不了还有那个儿子可以还）和可扩充性（父亲可以再生几个儿子，等长大了进行还债）。在程序设计中，这是一种解除强耦合的思想，程序只需要进行弱耦合（债主与父亲），必须解除强耦合（债主与家境较好的儿子），这样程序才能便于扩展升级。

在多态中，存在以下两种概念：

（1）向上转型：把子类对象赋值给父类对象，类似以前学过的自动类型转换，总是安全的。

示例：

```
Father father = new Father ();
Son son = new Son();
//向上转型（可以理解为儿子总是能代表父亲）
father  = son;
```

（2）向下转型：把父类对象赋值给子类对象，类似以前学过的强制转换，是不安全的。

示例：

```
Father father = new Father ();
Son son = new Son();
//向上转型（可以理解为儿子总是能代表父亲）
father  = son;
//向下转型（可以理解为父亲不能完全代表儿子）
son = (Son)father;
```

在多态中的向下转型时，只有经过向上转型的父类对象，其中包含了转型前的那个子类对象，才能安全地转换成对应的子类对象，否则，其他向下转型都是不安全的，强烈建议在向下转型时使用 instanceof 运算符进行判断（instanceof 运算符可以判断某个对象是否属于某个类的实例）。

示例：

```
public class Test{
  public static void main(String[] args){
    Father father = new Father();
    RichSon richSon = new RichSon();
    PoorSon poorSon = new PoorSon();

    //债主让父亲还钱
    father.payDebt(); //输出无钱还债

    //债主让家境较差的儿子还钱
    //先向上转型，儿子替代父亲
    father = poorSon;
    //然后父类调用其还债方法
    father.payDebt(); //输出有心还债，无奈没钱

    //债主让家境较好的儿子还钱
    //先向上转型，儿子替代父亲
    father = richSon;
    //然后父类调用其还债方法
    father.payDebt(); //输出高富帅，有钱还债

    //向下转型（相当于变身回自己）
    if(father instanceof father){
      RichSon richSon01 = (RichSon)father;
      richSon01.showHobby(); //输出喜欢吃喝玩乐
    }
  }
}

//定义一个父类
class Father {
  //定义一个还债的方法
  public String payDebt(){
    return "无钱还债";
  }
}

//定义一个家境较好的子类
class RichSon extends Father {
  //必须重写父类的还债方法才能实现多态
  @Override
  public String payDebt(){
    return "高富帅，有钱还债";
  }

  public void showHobby(){
```

```
        System.out.println("喜欢吃喝玩乐");
    }
}

//定义一个家境较差的子类
class PoorSon extends Father {
    //必须重写父类的还债方法才能实现多态
    @Override
    public String payDebt(){
        return "有心还债，无奈没钱";
    }
}
```

注意：

要体现多态，一定要达到以下几点：

（1）父类中定义的方法在子类中必须被重写。

（2）要先执行向上转型，把子类对象赋值给父类对象。

（3）然后再使用赋值后的父类对象执行其被重写的方法。

只有达到了以上三点，多态的效果才能体现出来。

其实，引用类型的对象在系统中有两种身份（静态时类型和运行时类型），在对象被定义时，二者类型都是相同的，都是某个类，一旦经过向上转型，对象的静态类型不变，其动态类型就转变成那个子类了，在调用对象的方法时，系统会以动态类型为主进行调用，所以，多态效果才能得以实现。向下转型时，其动态类型也会改变，因此，向下转型是不安全的，需要强制进行。

第五节　抽象类

类是对对象的抽象，而抽象类则是对类的进一步抽象。

在 Java 语言中，使用 abstract 关键字来修饰抽象类。抽象类一般是作为多个子类的父类而存在，主要是将子类的属性上提到抽象类中便于子类继承，同时提供一些抽象方法，要求子类必须重写实现。

抽象类中必须包含不能实现（只有方法声明，没有方法体）的抽象方法，因此，抽象类也不能被实例化（使用 new 产生对象），因为系统也不知道该如何给抽象类中的抽象方法分配内存。

在实际应用中，抽象类应用比较广泛，配合其子类，完美地体现了多态的效果。例如，我们要计算长方形和圆的面积，就可以定义一个表示图形的抽象类，长方形和圆都是图形类的子类，它们都有面积这个共同的属性，该属性可以提升到抽象类中，由于各具体图形计算面积的过程不同，但都叫面积计算，因此，在图形抽象类中可以定义一个计算面积的抽象方法，然后让各个具体图形类重写该方法，最后使用抽象类统一管理各具体图形，计算面积。

示例：

```
public class Test{
    public static void main(String[] agrs){
```

```
        Rectangle r = new Rectangle(20, 10);
        Circle c = new Circle(10);

        //分别向上转型
        Shape s01 = r;
        Shape s02 = c;

        //分别计算面积（体现多态效果）
        s01.calc();
        s02.calc();

        System.out.println("长方形面积 = " + s01.getArea());
        System.out.println("圆面积 = " + s02.getArea());
    }
}

//定义图形抽象类
abstract class Shape{
    protected float area;
    public float getArea(){
        return this.area;
    }

    //定义抽象方法（只有方法的声明，没有方法的实现）
    public abstract void calc();
}

//定义长方形类，继承图形抽象类
class Rectangle extends Shape{
    private float length;
    private float width;
    //省略setter和getter

    public Rectangle(float length, float width){
        this.length = length;
        this.width = width;
    }

    //重写父类的抽象方法
    @Override
    public void calc(){
        super.area = this.length * this.width;
    }
}

//定义一个圆类，继承图形抽象类
class Circle extends Shape{
    private float radius;
    //省略setter和getter
```

```
    public Circle(float radius){
      this.radius = radius;
    }

    // 重写父类的抽象方法
    @Override
    public void calc(){
      super.area = Math.PI * this.radius * this.radius;
    }
  }
```

抽象类很强大，也很虚（其中包含了抽象方法），但正是这种虚才给多态一个用武之地，才能构建无比灵活的程序。

第六节　接口

抽象类的功能已经很强大了，有没有功能更强大的呢？有，答案就是接口，在 Java 语言中，使用 interface 关键字定义接口。

把抽象类中的属性全部去掉，方法全部换成抽象方法就是接口。接口比抽象类更虚，虚到全是抽象方法，它比抽象类也更加灵活。

在 Java 语言中，一个类只能直接继承一个父类，称为单根继承，但一个类可以实现多个接口，使用 implements 关键字表示实现一个接口，如果实现多个接口，则接口的名字使用逗号分隔。因为接口中的抽象方法本来就是给类用的，所以，在定义接口时，不使用 abstract 关键字修饰这些方法，也不使用 public 关键字修饰这些方法。

使用抽象类时，实现类必须是其子类，而 Java 是单根继承，如果该实现类已经是其他类的子类，则就无法再次继承抽象类了，这是一个很大的限制，而接口就不同，接口对实现类没有任何要求，使用起来比抽象类更方便，所以说接口比抽象类更加灵活。

【语法】

```
interface 接口名称 {
  // 方法的声明
}
```

示例：

```
public class Test{
  public static void main(String[] agrs){
    Rectangle r = new Rectangle(20, 10);
    Circle c = new Circle(10);

    // 分别向上转型
    CanCalc cc01 = r;
    CanCalc cc02 = c;

    // 分别调用接口中的方法计算面积（体现多态效果）
    System.out.println("长方形面积 =" + cc01.calc());
```

```
      System.out.println(" 圆面积 =" + cc02.calc());
    }
  }

  // 定义计算接口
  public interface CanCalc{
    // 定义接口的方法
    float calc();
  }

  // 定义长方形类，实现接口
  class Rectangle implements CanCalc{
    private float length;
    private float width;
    // 省略 setter 和 getter

  public Rectangle(float length, float width){
    this.length = length;
    this.width = width;
  }

  // 必须实现接口中的方法，重写接口中的方法
  @Override
  public float calc(){
    return this.length * this.width;
    }
  }

  // 定义一个圆类，实现接口
  class Circle implements CanCalc{
    private float radius;
    // 省略 setter 和 getter

  public Circle(float radius){
    this.radius = radius;
  }

    // 必须实现接口中的方法，重写接口中的方法
    @Override
    public float calc(){
      return Math.PI * this.radius * this.radius;
    }
  }
```

接口甚至可以虚到没有任何抽象方法（Serializable），成为一个标识接口，用于管理一批被标识的对象。

接口虽然强大，但也要谨慎使用，强烈建议遵守以下规则使用：

(1) 接口表示一种能力或规范，其中的每一个方法都会被实现类重写，因此，接口中的方法

越少越好，与所表示的某种能力或规范相关越紧密越好。

（2）接口之间可以通过 extends 关键字继承，其结果就是方法的叠加，但实际意义不大，类可以通过实现多个接口达到目的。

（3）通常在接口中，除了定义抽象方法外，还会定义一些全局常量，以便使用。

第七节　内部类

在 Java 语言中，可以在一个类的内部嵌套定义另一个类，这个嵌套定义的类称为内部类，包含内部类的类称为外部类。

在 Java 语言中，内部类有 4 种：成员内部类、局部内部类、匿名内部类和静态内部类，以下逐一说明。

1. 成员内部类

成员内部类是外部类的组成成员，成员内部类可以无条件地访问外部类的所有属性和方法（包括使用 private 和 static 关键字修饰的成员），但外部类却只能通过创建一个内部类的对象来访问内部类。

成员内部类中不允许出现静态变量和静态方法的声明，static 关键字只能用在静态常量的声明。

如果内部类的属性与外部类同名，则需要使用外部类 .this. 属性名或外部类 .this. 方法名的方式访问外部类的属性或方法。

成员内部类是依附外部类而存在的，如果要创建成员内部类的对象，前提是必须存在一个外部类的对象。

【语法】

```
class 外部类名称 {
  //外部类的定义

  class 内部类名称 {
    //内部类的定义
  }
}
```

示例：

```
public class Test {
  public static void main(String[] args){
    //创建外部类对象
    Circle circle = new Circle();
    //创建成员内部类对象
    //必须使用外部类对象创建
    Circle.Draw draw = circle.new Draw();

    circle.getInnerColor();
```

```
        draw.drawShape();
        draw.drawShapeWithOutterColor();
    }
}

//定义一个包含成员内部类的外部类
class Circle {
    static int count = 0;
    private float radius;
    private String color = "红色";

    public void getInnerColor() {
        //外部类只能通过内部类对象访问内部类
        Draw draw = new Draw();
        System.out.println("内部类颜色=" + draw.getColor());
    }

    //定义一个成员内部类
    class Draw {
        private String color = "蓝色";
        public String getColor() {
            return this.color;
        }

        public void drawShape() {
            //内部类访问外部类的成员
            System.out.println("半径=" + radius);
            //内部类属性名与外部类属性名相同时，内部类优先
            System.out.println("颜色=" + color);   //输出蓝色
            count++;
        }

        //访问同名的外部类成员
        public void drawShapeWithOutterColor() {
            //用外部类.this.属性名的方式访问外部类的同名属性
            System.out.println("颜色=" + Circle.this.color);
        }
    }
}
```

2. 局部内部类

局部内部类是定义在一个方法或者一个作用域里面的类，仅能在方法体内或者该作用域内访问。局部内部类就像是方法里面的一个局部变量一样，是不能有 public、protected、private 以及 static 修饰符的。一般很少用。

【语法】

```
public 返回值 方法名(参数列表){
    //方法体内的其他代码
```

```
    class 内部类名称 {
        // 内部类定义
    }
}
```

示例：

```
public class Test {
    public static void main(String[] args){
        class Part {
            int count = 0;
        }
        // 仅能在方法体内访问局部内部类
        Part part = new Part();
        System.out.println(part.count);
    }
}
```

3. 匿名内部类

匿名内部类在编写事件监听的代码时使用的最频繁，匿名内部类不但方便，而且使代码更加容易维护。

匿名内部类是没有类名、没有构造器的类，匿名内部类也是不能有访问修饰符和 static 修饰符的。

一般来说，匿名内部类只用于继承其他类或实现接口，并不需要增加额外的方法，只是对继承方法的实现或是重写。匿名内部类只是解决了为了使用而定义只用一次的类的麻烦而已（例如：为了使用某个类的对象而定义了这个类，然而，使用该类创建对象之后，这个类就再也不用了）。

【语法】

```
父类名称或接口名 对象 = new 父类名称或接口名 (){
    // 重写父类的方法
    @Override
    public 返回值 方法名 ( 参数列表 ) {
        // 重写代码
    }
};
```

示例：

```
public class Test{
    public static void main(String[] args){
        Button btn = new Button();

        // 使用匿名类产生对象
        OnClickListener listener = new OnClickListener(){
            @Override
            public void onClick(int index) {
                System.out.println(" 按钮被第 " + index + " 次按下 ");
            }
        };
```

```
        //把使用匿名类产生的对象作为参数传入方法中
        btn.click(listener);   //输出按钮被第 1 次按下
        btn.click(listener);   //输出按钮被第 2 次按下
    }
}

//定义一个接口
interface OnClickListener {
    void onClick(int index);
}

//定义一个按钮类
class Button {
    public static int count = 0;

    //定义一个方法，其参数是一个接口
    public void click(OnClickListener listener){
        if(listener != null) {
            listener.onClick(++count);
        }
    }
}
```

4. 静态内部类

静态内部类和成员内部类很相似，唯一不同在于是否使用 static 关键字修饰，由于有了 static 关键字修饰，静态内部类是属于类的成员，它只能访问外部类的静态成员，而非类对象的成员，所以，它不依赖于对象而存在。

【语法】

```
class 外部类名称 {
    //外部类的定义

    static class 内部类名称 {
        //内部类的定义
    }
}
```

示例：

```
public class Test{
    public static void main(String[] args) {
        //创建静态内部类的对象
        //静态内部类并不依赖于外部类的对象而创建
        Outter.Inner inner = new Outter.Inner();

        Outter o1 = new Outter();
        inner. showCount();

        Outter o2 = new Outter();
```

```
    inner. showCount();
  }
}

// 定义一个外部类
class Outter {
  private static int count = 0;

  public Outter(){
    count++;
  }

  // 定义一个静态内部类
  static class Inner {
    // 静态内部类只能访问外部类的静态成员 count
    public void showCount(){
      System.out.println("Outter对象被创建的个数=" + count);
    }
  }
}
```

使用内部类最吸引人的原因是：每个内部类都能独立地继承一个父类或实现一个接口，所以无论外部类是否已经继承了某个父类或实现了某个接口，对于内部类都没有影响。

用户可以利用内部类提供的、可以继承多个具体的或者抽象的类的能力来解决 Java 中多重继承的问题（Java 中只能单根继承，但一个外部类可以包含多个内部类，每个内部类都可以独立地继承其他父类，然后在外部类中对这些内部类的对象进行整合，这样就完美地解决了 Java 语言不能多重继承的问题）。

小　结

通过学习本章内容，我们了解了 OOP 的三大特性（封装、继承和多态），封装可以隐藏实现细节，使得代码便于模块化，继承可以扩展已存在的代码模块，便于代码复用，多态可以解决模块间的耦合问题，提高程序的可扩展性，同时进一步理解了抽象类和接口的作用及一些编程的设计思想，为更好地使用面对对象编程奠定了一定的理论基础。

思考题

一、填空题

1. 所谓类的封装是指在定义一个类时，将类中的属性私有化，即使用________关键字来修饰。

2. 在 Java 语言中，允许使用已存在的类作为基础创建新类，这种技术称为________。

3. 一个类如果实现一个接口，那么它就需要实现接口中定义的全部________，否则该类就必须定义成________。

4. 在程序开发中，要想将一个包中的类导入当前程序中，可以使用________关键字。

5. 一个类可以从其他类派生出来，派生出来的类称为________，用于派生的类称为________或者________。

6. 定义一个 Java 类时，如果前面使用________关键字修饰，那么该类不可以被继承。

7. 如果子类想使用父类的成员，可以通过关键字________引用父类的成员。

8. 在 Java 语言中，所有类都直接或间接继承自________类。

9. 构造方法是一种特殊的成员方法，构造方法名与________相同。

10. 实现接口中的抽象方法时，必须使用________的方法头，并且还要用________修饰符。

11. 如果一个类包含一个或多个 abstract 方法，则它是一个________类。

12. Java 不直接支持类的多继承，但可以通过________实现多继承。

13. 一个接口可以通过关键字 extends 来继承________其他接口。

14. 接口中只能包含________________类型的成员变量和______________类型的成员方法。

二、编程

1. 定义一个有抽象方法 display() 的超类 SuperClass，以及提供不同实现方法的子类 SubClassA 和 SubClassB，并创建一个测试类 PolyTester。该测试类有一个具有两个元素的 SuperClass 对象数组，数组元素分别指定为 SubClassA 和 SubClassB。循环调用每个数组元素的共享方法 display()，看看它们会调用哪个版本的 display()。

2. 设计 Shape、Rectangle、Circle 和 Square 类，使它们能利用多态性计算面积和周长，并显示出来。

第六章 Java数组与包

在程序开发中，有时需要管理一批数据类型相同的变量，如何方便地管理呢？于是，产生了数组的概念。

第一节　数组

数组是一种线性数据结构，是一组相同数据类型的变量集合。

因为数组在内存中是一段连续的存储空间，所以在定义数组时，必须指定其大小，以便系统为其分配内存空间，定义数组之后，由于其中的每个元素类型与名称都是相同的，占用的内存空间大小都是一样的，所以，我们可以使用下标（从零开始）快捷地访问数组中的元素，数组名结合下标就等同于变量名。

数组本身是引用类型的数据，但数组中的元素不一定是引用类型，其中元素的类型由定义数组时的类型决定。

【定义语法】

```
数据类型 [] 数组名 = new 数据类型 [ 数组长度 ];
```

【访问语法】

```
数组名 [ 下标 ]              // 下标从零开始
数组名 .length               // 获取数组的长度
```

示例：

```
public class Test {
  public static void main(String[] agrs){
    //定义一个长度为 3 的 int 数组
    int[] arr = new int[3];

    //给数组中第一个元素赋值
    arr[0] = 10;
    //输出数组中第一个元素的值
```

```
    System.out.println(a[0]);

    // 该代码会报错，数组最大下标 = 数组长度 - 1
    // 该下标超出了最大下标
    arr[3] = 2;
  }
}
```

第二节 数组的初始化

数组有两种初始化方式，静态初始化和动态初始化，如果没有初始化，则数组中元素的默认值是其数据类型的默认值。

1. 静态初始化

在定义数组时，就进行初始化。

【语法】

```
数据类型[] 数组名 = new 数据类型[]{初始值列表};
```

或

```
数据类型[] 数组名 = {初始值列表};        // 简化版
```

示例：

```
int[] a = new int[]{3, 6, 9, 35};
int[] b = {1, 2, 3, 4, 5};
Sting[] s = {"孙悟空", "牛魔王", "红孩儿"};
```

2. 动态初始化

定义数组之后，结合 for 循环初始化（适合数组的初始值有一定的规律）或使用代码逐一初始化。

示例：

```
int[] a = new int[10];
for(int i = 0; i < a.length; i++){
  a[i] = 10 + i;
}
```

第三节 二维和多维数组

二维数组是指数组中的每个元素又是一个数组，三维数组就是在二维数组的基础上，每个二维数组的元素又是一个数组，多维数组的概念是类似的。

人们常用的多维数组一般是二维数组，二维数组可以看作一个表格，有行和列的概念，可以通过行下标和列下标进行访问。二维数组的定义及初始化如下。

【语法】

```
数据类型[][] 数组名 = new 数据类型[行数][列数];
```

或

```
数据类型 [][] 数组名 = {{ 数据列表 },{ 数据列表 }};
```

虽然二维数组可以看作一个表格，但其列可以不一样长，这样的二维数组又称二维交错数组。

示例：

```
//定义一般的二维数组（2 行 3 列，列是一样长）
int[][] a = new int[2][3];
//定义交错二维数组（列不一样长）
//第一行有 2 列，第二行有 3 列
int[][] b = {{1, 2},{3, 4, 5}};
```

第四节　数组的常用操作

对一维数组而言，常用操作如下：

1. 遍历数组

结合循环语句，可以很方便地遍历数组中的每个元素，进而实现需要的功能。

示例：

```
for(int i = 0; i < a.length; i++){
  //使用 a[i] 进行各种操作，实现功能
}
```

2. for-each 循环

for-each 是 Java 提供的 for 循环的简化版，可以省去下标，避免数组访问越界，但要注意的是，for-each 只能用于查询，不能修改数组中的元素。

示例：

```
int[] a = {1,2,3};

//使用 for-each 遍历数组，并试图修改数组中的元素
for(int x : a){
  x += 3;
}

//遍历数组，输出数组元素，还是 1, 2, 3
for(int i = 0; i < a.length; i++){
  System.out.println(a[i]);
}
```

3. 数组的工具类 Arrays

在 Java 语言中，为了更方便地使用数组，系统专门提供了一个处理数组的工具类 Arrays。Arrays 中常用的方法有：

（1）数组排序：Arrays.sort() 方法。

（2）数组元素查找（必须确保数组用 sort 方法排过序）：Arrays.binarySearch() 方法。

（3）数组复制：Arrays.copyOf() 方法。

（4）自定义数组复制：Arrays.copyOfRange() 方法。

（5）数组填充：Arrays.fill() 方法。

示例：

```
int[] a = {1, 3, 5, 2, 9};

//数组排序
Arrays.sort(a);
for(int t : a){
  System.out.println(t);      //输出1，2，3，5，9
}

//数组查找
int index = Arrays.binarySearch(a, 3);
System.out.println(index);   //输出2

//数组复制
int[] b = Arrays.copyOf(a, 3);
for(int t : b){
  System.out.println(t);      //输出1，2，3
}

//自定义数组复制
int[] c = Arrays.copyOfRange(a, 2, 6);
for(int t : c){
  System.out.println(t);      //输出3，5，9，0
}

//数组填充
Arrays.fill(a, 8);
for(int t : a){
  System.out.println(t);      //输出8，8，8，8，8
}
```

第五节　Java 包的概念

随着学习的深入，我们会写越来越多的类，如何组织这些类呢？Java 给我们提供了包的机制，包是一个用于区别类名的命名空间。

1. 包的作用

（1）把功能相似或相关的类或接口组织在同一个包中，以便于类的查找和使用。

（2）如同文件夹一样，包也采用了树状目录的存储方式。同一个包中的类名是不同的，不同包中的类名可以相同，当同时调用两个不同包中相同类名的类时，应该加上包名加以区别。

（3）包也限定了访问权限，拥有包访问权限的类才可以访问包中的类。

【语法】

```
package 包名;
```

2. 包的规范

（1）包的命名必须全部小写，不能有特殊字符，之间由点分隔。

（2）包名和文件目录是一一对应的。

3. 包的访问权限（见表 6-1）

（1）所有声明为 public 的成员可以在任何地方进行访问。

（2）所有声明为 private 的成员在当前类外部都为不可见。

（3）如果是默认访问权限，只有当前包下的类可见，其他包中的子类也无法访问。

表 6-1 包的访问权限

类的位置	private	default	protected	public
类本身	是	是	是	是
相同包中子类	否	是	是	是
相同包中的非子类	否	是	是	是
不同包中的子类	否	否	是	是
不同包中的非子类子类	否	否	否	是

导入包：当需要使用其他人写的类时，就需要导入所需的类。

【语法】

```
import 包名.类名;                //按需导入，推荐的导入方式
```

或

```
import 包名.*;                   //导入指定包名下所有 public 类
```

4. Java 中常用的包

（1）java.lang 包：Java 的核心类库，包含了运行 Java 程序必不可少的系统类，如基本数据类型、基本数学函数、字符串处理、线程、异常处理类等，系统缺省（默认）加载这个包。

（2）java.util 包：Java 的实用工具类库。在这个包中，Java 提供了一些实用的方法和数据结构。例如，Java 提供日期（Data）类、日历（Calendar）类来产生和获取日期及时间，提供随机数（Random）类产生各种类型的随机数，还提供了堆栈（Stack）、向量（Vector）、位集合（Bitset）以及哈希表（Hashtable）等类来表示相应的数据结构。

（3）java.io 包：Java 语言的标准输入 / 输出类库，如基本输入 / 输出流、文件输入 / 输出、过滤输入 / 输出流等。

（4）java.util.zip 包：实现文件压缩功能。

（5）java.lang.reflect 包：提供用于反射对象的工具。

（6）java.math：如提供用于执行任意精度整数算法（BigInteger）和任意精度小数算法（BigDecimal）的类。

（7）java.net 包：用来实现网络功能的类库。如 Socket 类、ServerSocket 类。

（8）java.awt 包：构建图形用户界面（GUI）的类库。提供的类如：低级绘图操作 Graphics 类，

图形界面组件和布局管理（如 Checkbox 类、Container 类、LayoutManager 接口等），以及用户界面交互控制和事件响应，如 Event 类。

（9）java.awt.event 包：GUI 事件处理包。

（10）java.awt.image 包：处理和操纵来自于网上的图片的 Java 工具类库。

（11）java.sql 包：实现 JDBC 的类库。

示例：

```
//定义一个包，命名为com.my.test
package com.my.test;

//按需导入java.util包中的Arrays类
import java.util.Arrays;

public class Test {
  public static void main(String[] args){
    int[] a = {3, 1 ,2};
    Arrays.sort(a);
    for(int t : a){
      System.out.println(t);     //输出1,2,3
    }
  }
}
```

小　　结

通过学习本章内容，我们了解了 Java 语言中常用的数组结构及数组的常用操作，同时，还学习了包的定义及使用，通过包，可以更加有效地组织代码。

思 考 题

一、填空题

1. 若 int[]a={12,45,34,46,23}，则 a[2]=________。

2. 若 int a[3][2]={{123,345},{34,56},{34,56}}，则 a[2][1]=________。

3. 已知：int a[ ]={2,4,6,8}; 则表达式 (a[0]+=a[1])+ ++a[2] 的值为________。

4. 在 Java 语言中，字符串和数组是作为________出现的。

5. 数组对象的长度在数组对象创建之后，________改变。数组元素的下标总是从________开始。

6. 对于数组 int[][]t ={{1,2,3},{4,5,6}} 来说，t.length 等于________，t[0].length 等于________。

7. 已知：数组 a 的定义为 int a[]={1,2,3,4,5}; 则 a[2]=________，数组 b 的定义为 int b[]=new int[5]; 则 b[2]=________，数组 c 的定义为 Object c[]=new Object[5]; 则 c[2]=________。

8. 调用数组元素时，用________和________来唯一确定数组中的元素。

9. 数组的初始化是________。

10. 数组元素通过________来访问，数组 Array 的长度为________。

11. 数组复制时，“=”将一个数组的________传递给另一个数组。

12. JVM 将数组存储在________中。

13. 数组二分法查找运用的前提条件是数组已经________。

14. 数组最小下标是________。

15. Java 中数组下标的数据类型是________。

16. 语句 int a[]=new int[100] 的含义是________。

17. 主方法 main(String args[]) 的参数“String args[]”是一个________数组。

18. 已知数组 a1 与 a2 的定义如下：

```
int a1[] = {2,3,5,7,11,13}
int a2[] ={1001,1002,1003,1004,1005,1006,1007}
```

执行语句 System.arraycopy(a1,2,a2,3,4); 后，数组 a2 的值是（　　）。

二、阅读程序写出结果

1.

```
public class Test{
  public static void main(String args[]){
    int num =0;
    int nums[]=new int[1];
    m(num,nums);
    System.out.println("num="+num+",nums[0]="+nums[0]);
  }
  public static void m(int x,int y[]){
    x=5;
    y[0]=5;
  }
}
```

2.

```
public class Test{
  public static void main(String args[]){
    int array[][]=new int[5][6];
    int x[]={1,2};
    array[0]=x;
    System.out.println("array[0][1]="+array[0][1]);
  }
}
```

三、编程题

1. 生成 0 ~ 9 之间的 100 个随机数，并且显示每一个数出现的次数。

提示：用 (int)(Math.random()*10) 产生 0 ~ 9 之间的随机整数，用一个含有 10 个整数的数组存放 0，1，2，…，9 出现的次数，数组名为 counts。

2. 读入一个整数 n，输出杨辉三角形的前 n 行，杨辉三角形如下：

1

1 1

1 2 1

1 3 3 1

1 4 6 4 1

… …

杨辉三角形的特点：第 i 行有 i 个元素；每一行的第一个元素和最后一个元素都为 1；除了 1 之外，每个元素的值，都等于上一行同位置的元素以及前一个元素的和。

3. 编写一个程序，读入一个英文句子，分别统计出其中的大写和小写字母个数。

4. 编写两个重载方法，返回一个数组的平均数，它们具有如下的方法声明：

```
public static int getAverage(int array[]);
public static double getAverage(double array[]);
```

5. 输入一个整数 n，求小于这个整数的所有质数。

算法：定义一个长度为 n 的 boolean 数组，true 表示是质数，false 表示不是质数。初始均为 ture。开始循环执行：①找到第一个值为 true 的下标 i；②把所有下标为 i 的倍数的数组元素值置为 false。直到扫描完数组中所有数值，最后遍历数组，如果下标为 i 的数组元素值为 true，则说明 i 为质数。

第七章 Java 常用类

在程序开发中，我们只有掌握 Java 中经常使用的类，才能编写出更好的代码。下面学习 Java 的常用类。

第一节 字符串相关的类

字符串是代码中经常使用的数据，其常用的方法如下：

（1）charAt：返回指定索引处的 char 值。

（2）endsWith：测试字符串是否以指定的后缀结束。

（3）equals：将此字符串与指定的字符串比较。

（4）equalsIgnoreCase：将此字符串与另一个字符串比较，忽略大小写。

（5）getBytes：使用指定的字符集将此字符串编码为 byte 序列，并将结果存储到一个新的 byte 数组中。

（6）indexOf：返回指定字符在此字符串中第一次出现处的索引。

（7）lastIndexOf：返回指定字符在此字符串中最后一次出现处的索引。

（8）length：返回此字符串的长度。

（9）matches：测试字符串是否匹配给定的正则表达式。

（10）replace：字符串内容替换，返回一个新的字符串。

（11）split：根据给定正则表达式的匹配拆分此字符串。

（12）startsWith：测试字符串是否以指定的前缀开始。

（13）substring：返回一个新的字符串，它是此字符串的一个子字符串。

（14）toLowerCase：使用默认语言环境的规则将此 String 中的所有字符都转换为小写。

（15）toUpperCase：使用默认语言环境的规则将此 String 中的所有字符都转换为大写。

（16）trim：返回字符串的副本，忽略前导空白和尾部空白。

（17）valueOf：返回给定 data type 类型 x 参数的字符串表示形式。

在对大量字符串做拼接操作时，还会使用 StringBuffer 和 StringBuilder 类。虽然可以使用加号进行字符串拼接，但其效率很低，建议使用 StringBuffer 或 StringBuilder 类。

StringBuilder 的效率最高，但在多线程下不安全，StringBuffer 效率较高，而且多线程下安全，所以，在实际应用中，还要小心使用。

示例：

```
int n = 50000;

StringBuffer buffer = new StringBuffer();
String a = "";

long begin = System.currentTimeMillis();
// 字符串拼接时 StringBuffer 的效率远大于 String
for(int i = 0;i < n; i++){
  a += "x";  // 用时 875ms
  //buffer.append("x");  // 用时 1ms
}
long end = System.currentTimeMillis();
System.out.println(" 用时: " + (end - begin));
```

第二节　Math 类

Java 语言中的 Math 类封装了很多与数学相关的属性和方法。常用属性及方法如下：

（1）静态常量：Math.E 和 Math.PI。

示例：

```
System.out.println(" 自然对数 e =" + Math.E);
System.out.println(" 圆周率 π =" + Math.PI);
```

（2）abs：求绝对值。

（3）max：求最大值。

（4）min：求最小值。

（5）ceil：求大于或等于指定数的最大整数。

（6）floor：求小于或等于指定数的最大整数。

（7）sin：求三角正弦值。

（8）cos：求三角余弦值。

（9）pow：幂运算。

（10）sqrt：求平方根。

（11）log：求自然对数。

示例：

```
double a = 99.01;
System.out.println(" 不小于 " + a +" 的最小整数: " + Math.ceil(a));    // 输出 100.0
```

```
    System.out.println(" 不大于 " + a +" 的最大整数: " + Math.floor(a));    // 输出 99.0
    System.out.println("3 的 2 次幂 :" + Math.pow(3,2));                    // 输出 9
```

第三节　基本数据类型的包装类

在 Java 语言中，8 种基本数据类型是值类型，但是在 OOP 的世界中，面对的都是对象，也就是引用类型的数据，为了使用方便（不同类型的数据之间相互转换或方法传入的参数要求是 Object 类型），Java 语言针对 8 种基本数据类型也提供了其对应的引用类型（又称基本数据类型的包装类），这些包装类与类一样，通过关键字 new 创建对象，都有自己的属性和方法。基本数据类型与其对应的包装类如表 7-1 所示。

表 7-1　基本数据类型与其对应的包装类

基本数据类型	对应的包装类
boolean	Boolean
byte	Byte
short	Short
int	Integer
long	Long
float	Float
double	Double
char	Character

装箱和拆箱的概念：

装箱：把基本数据类型赋值给其对应的包装类，装箱会调用包装类的 valueOf 方法完成。

拆箱：把基本类型的包装类赋值给基本数据类型，拆箱会调用包装类的 xxxValue 方法完成（xxx 是包装器对应的基本数据类型）。

在 Java 语言中，除了 Float 和 Double 这两个包装类外，其他 6 个包装类都提供了对象的缓存（实现方式是在类初始化时提前创建好会频繁使用的包装类对象，当需要使用某个包装类的对象时，如果该对象包装的值在缓存的范围内，就返回缓存的对象，否则就创建新的对象并返回），可以在 JVM 启动时进行调整缓存大小（-Djava.lang.Integer.IntegerCache.high = 整型数据缓存最大值）。表 7-2 所示为包装类与其默认的缓存范围。

表 7-2　包装类与其默认的缓存范围

包装类	默认的缓存范围
Boolean	true，false
Byte	−128 ~ 127
Short	−128 ~ 127
Integer	−128 ~ 127
Long	−128 ~ 127
Character	0 ~ 127

示例：

```
//使用对象方式创建
Integer integer = new Integer(10);
//使用一般方式创建
Integer a = 10;
int b = 20;
//装箱操作
a = b;
//拆箱操作
b = a;

Integer x1 = Integer.valueOf("1000");
Integer x2 = Integer.valueOf("1000");
//因为x1与x2是两个不同的对象
System.out.println(x1 == x2);         //输出false

Integer x3 = Integer.valueOf("127");
Integer x4 = Integer.valueOf("127");
//x3与x4的值127在默认的缓存中
System.out.println(x3 == x4);         //输出true
```

第四节　时间处理相关的类

在 Java 中获取日期时间相关的 Date 类和抽象类 Calendar 以及格式化时间的类 SimpDateFormat。Date 类中的大部分方法都已经过时了。

1. Calendar 类（java.util.Calendar）

使用 date 类获取时可以使用 toString() 方法，将 Date 对象转换为 String：dow mon dd hh:mm:ss zzz yyyy 形式，其中：dow 是一周中的某一天 (Sun, Mon, Tue, Wed, Thu, Fri, Sat)。

示例：

```
//时间以1970年1月1日 00:00:00 GMT 为基准来计算
//内部调用的是System的currentTimeMillis()方法
Date date = new Date();
Date d = new Date(1432356666666L); //某一时间的毫秒数

System.out.println(date.toString());
System.out.println(d.toString());
System.out.println(System.currentTimeMillis());
System.out.println(date.getTime());
```

2. Calendar 类（java.util.Calendar）

Calendar 类是一个抽象类，可以方便地设置和获取日期数据的特定部分。

Calendar 中常用的静态常量如表 7-3 所示。

表 7-3　Calendar 中常用的静态常量及其说明

常　量	说　明
Calendar.AM	从午夜到中午之前这段时间的 AM_PM 字段值
Calendar.PM	从中午到午夜之前这段时间的 AM_PM 字段值
Calendar.YEAR	年份
Calendar.MONTH	月份
Calendar.DATE	日期
Calendar.HOUR	小时 (12 小时制)
Calendar.MINUTE	分钟
Calendar.SECOND	秒
Calendar.WEEK_OF_YEAR	年内的某星期
Calendar.WEEK_OF_MONTH	月内的某星期
Calendar.DAY_OF_YEAR	年内的某天
Calendar.DAY_OF_MONTH	月内的某天
Calendar.DAY_OF_WEEK	星期内的某天 (从周日开始计算)
Calendar.HOUR_OF_DAY	小时 (24 小时制)

示例：

```
// 获取当前时间的日历对象
Calendar c = Calendar.getInstance();

System.out.println(c.get(Calendar.YEAR));
System.out.println(c.get(Calendar.MONTH) + 1);
System.out.println(c.get(Calendar.DATE));
System.out.println(c.get(Calendar.AM_PM));
System.out.println(c.get(Calendar.HOUR));
System.out.println(c.get(Calendar.MINUTE));
System.out.println(c.get(Calendar.SECOND));
System.out.println(c.get(Calendar.MILLISECOND));
```

3. SimpleDateFormat 类 (java.text.SimpleDateFormat)

SimpleDateFormat 继承抽象类 DateFormat。是一个以与语言环境有关的方式来格式化和解析日期的具体类，且非线程安全。它允许进行格式化（日期 -> 文本）、解析（文本 -> 日期）和规范化。使得可以选择任何用户定义的日期 - 时间格式的模式。

示例：

```
Date date = new Date();
String format ="yyyy-MM-dd HH:mm:ss";
SimpleDateFormat sdf = new SimpleDateFormat(format);

System.out.println(sdf.format(date));
```

第五节　Java 中常用的集合

在 Java 语言中，经常需要一个容器保存各种对象，并进行各种操作（如增加、删除、清空、遍历等)，这种容器就是集合。

在 Java 语言中，常用的集合有三种：List、Set 和 Map，以下逐一介绍。

1. List 集合

List 集合的特点是有序，可重复。

List 集合包括了 List 接口、ArrayList 类、LinkedList 类和 Vector 类等。

ArrayList 类的内部是通过 Array 实现。初始化对象时，如果没有传大小，则列表的大小为 DEFAULT_CAPACITY 的默认值 10。当列表容量不够时，继续往列表中追加元素，则通过数组复制，对原数组进行扩容。ArrayList 在查找方面比较快，插入和删除操作比较慢，而且是非线程安全的，在多线程程序中不推荐使用。

LinkedList 类是双向链表，即每个元素都有指向前后元素的指针。LinkedList 的插入和删除操作比较快，查找操作较慢，适合频繁进行插入和删除的集合操作。

Vector 类的内部也是通过数组实现的，不同的是 Vector 是线程安全的（同一时间下只能有一个线程访问 Vector)，推荐在多线程程序中使用。

示例：

```
//定义一个 List 集合
List list = new ArrayList();

Integer i01 = 10;
Integer i02 = 20;

//把对象加入到 List 集合中
list.add(i01);
list.add(i02);

//使用 for-each 遍历 List 集合
for(Object obj : list){
  //由于加入集合后，会向上转型成 Object
  //所以，这里需要向下转型成 Integer
  if(obj instanceof Integer){
    Integer t = (Integer)obj;
    System.out.println(t.intValue());
  }
}

//使用集合的迭代器遍历集合
//获取集合的迭代器接口
Iterator it = list.iterator();
while(it.hasNext()){
  //使用迭代器获取集合中的元素
  Object obj = it.next();
  if(obj instanceof Integer){
    Integer t = (Integer)obj;
    System.out.println(t.intValue()); //输出是有序的
  }
}
```

2. Set 集合

Set 集合的特点是不可重复。

Set 集合包括了 Set 接口、HashSet 类、LinkedHashSet 类和 TreeSet 类等。

因为 Set 集合要求加入的对象必须唯一，所以，加入 Set 集合中的对象的类必须重写 equals 方法来指明对象相等的判断依据。

示例：

```
//定义一个 Set 集合
Set set = new HashSet();

Integer i01 = 10;
Integer i02 = 20;

//把对象加入到 Set 集合中
set.add(i01);
set.add(i02);

//使用集合的迭代器遍历集合
//获取集合的迭代器接口
Iterator it = set.iterator();
while(it.hasNext()){
  //使用迭代器获取集合中的元素
  Object obj = it.next();
  if(obj instanceof Integer){
    Integer t = (Integer)obj;
    System.out.println(t.intValue()); //输出是无序的
  }
}
```

3. Map 集合

Map 集合的特点是无序、键值对，键不能重复。

Map 集合包括了 Map 接口、HashMap 类、LinkedHashMap 类和 TreeMap 类等。

Map 集合中的对象都是通过 Key-Value 方式管理的，Key 必须是唯一的，不能重复，如果要使用对象作为 key，则该对象的类必须重写 equals 方法。

把对象存入 Map 时，使用 put(key,value) 方法，获取对象时，使用 get(key) 方法。

示例：

```
//定义一个 Map 集合
Map map = new HashMap();

Integer i01 = 10;
Integer i02 = 20;

//把对象加入到 Map 集合中
map.put("key1",i01);
map.put("key2",i02);
```

```
//使用集合的迭代器遍历集合
//获取集合中 Key 的迭代器接口
Iterator it = map.keySet().iterator();
while(it.hasNext()){
  //使用迭代器获取集合中的元素
  Object obj = it.next();
  if(obj instanceof String){
    //Map 通过 key 获取值
    Integer t = (Integer)map.get(obj);
    System.out.println(t.intValue());        //输出是无序的
  }
}
```

小　结

通过学习本章内容，我们掌握了 Java 语言中常用的类，使得我们能够得心应手地处理字符串、数学计算、日期转换和批量对象存储等，为编写高质量的代码奠定了基础。

思考题

一、问答题

1. 如何实例化一个 Calendar 对象？
2. Calendar 对象调用 set(1949,9,1) 设置的年月日分别是多少？
3. 怎样得到一个 1 ~ 100 的随机数？
4. 有集合 {1,2,3,4} 和集合 {1,3,7,9,11} 编写一个应用程序输出交集、并集、差集。

二、编程题

硬盘中有两个重要的属性：价格和容量，编写一个应用程序，使用 TreeMap<K,V> 类，分别按照价格和容量排序输出 10 个硬盘的信息。

第八章

Java 异常处理机制

程序运行时，发生的不被期望的事件，它阻止了程序按照程序员的预期正常执行，这就是异常。异常发生时，是任程序自生自灭，立刻退出终止，还是输出错误给用户？

Java 提供了更加优秀的解决办法：异常处理机制。

异常处理机制能让程序在异常发生时，按照代码预先设定异常处理逻辑，针对性地处理异常，让程序尽最大可能恢复正常并继续执行，且保持代码的清晰。

第一节　Java 的异常

Java 中的异常可以是函数中的语句执行时引发的，也可以是程序员通过 throw 语句手动抛出的，只要在 Java 程序中产生了异常，就会用一个对应类型的异常对象来封装异常，JRE（Java Runtime Environment）就会试图寻找异常处理程序来处理异常。

Throwable 类是 Java 异常类型的顶层父类，一个对象只有是 Throwable 类的（直接或者间接）实例，它才是一个异常对象，才能被异常处理机制识别。JDK 中内建了一些常用的异常类，用户也可以自定义异常。

第二节　Java 异常的分类

Java 标准库内建了一些通用的异常，这些类以 Throwable 为顶层父类，Throwable 又派生出 Error 类和 Exception 类。

错误：Error 类及其子类的实例，代表了 JVM 本身的错误。错误不能被程序员通过代码处理，Error 很少出现。因此，程序员应该关注 Exception 为父类的分支下的各种异常类。

异常：Exception 类及其子类，代表程序运行时发送的各种不期望发生的事件。可以被 Java 异常处理机制使用，是异常处理的核心。

总体上可根据 Javac 对异常的处理要求，将异常类分为两类：

1. 非检查异常（unchecked exception）：

Error 和 RuntimeException 及其子类。

Java 在编译时，不会提示和发现这样的异常，不要求在程序中处理这些异常。

用户可以编写代码处理(使用 try-catch-finally)此类异常，也可以不处理。对于这些异常，应该修正代码，而不是去通过异常处理器处理 。这样的异常发生的原因多半是代码写的有问题。

2. 检查异常（checked exception）：

除了 Error 和 RuntimeException 的其他异常。

Java 强制要求程序员为这样的异常做预备处理工作。

在方法中要么用 try-catch 语句捕获它并处理，要么用 throws 子句声明抛出它，否则编译不会通过。这样的异常一般是由程序的运行环境导致的。

第三节　Java 异常处理

在 Java 语言中，使用 try-catch-finally 语句块来处理异常。

【语法】

```
try {
  // 可能会产生异常的代码
}catch( 异常类  异常对象 ) {
  // 处理捕获的异常（要不自己处理，要不向上抛出）
}finally {
  // 无论异常是否发生，都会执行的收尾代码
}
```

示例：

```
int a = 10;
int b = 0;
int c = 0;

try{
  // 以下代码会引发异常
  c  = a / b;
}catch(Exception e){
  // 捕获异常并处理
  System.out.println(" 被除数不能为零 ");
}finally{
  // 无论是否产生了异常，这里的代码都会被执行
  c = -1;
}

System.out.println(c);        // 输出 -1
```

注意：

（1）try 块中的局部变量和 catch 块中的局部变量（包括异常变量），以及 finally 中的局部变量，它们之间不可共享使用。

（2）每一个 catch 块用于处理一个异常。异常匹配是按照 catch 块的顺序从上往下寻找的，只有第一个匹配的 catch 会得到执行。匹配时，不仅运行精确匹配，也支持父类匹配，因此，如果同一个 try 块下的多个 catch 异常类型有父子关系，应该将子类异常放在前面，父类异常放在后面，这样保证每个 catch 块都有存在的意义。

（3）在 Java 中，异常处理的任务就是将执行控制流从异常发生的地方转移到能够处理这种异常的地方去。也就是说：当一个函数的某条语句发生异常时，这条语句后面的语句不会再执行。

（4）不要在 finally 中使用 return；不要在 finally 中抛出异常；减轻 finally 的任务，不要在 finally 中做一些其他事情，finally 块仅仅用来释放资源是最合适的。

第四节　Java 中声明异常

在 Java 语言中使用 throws 关键字声明异常。

如果一个方法内部的代码会抛出检查异常（checked exception），而方法自己又没有完全处理掉，则必须在方法的签名上使用 throws 关键字声明这些可能抛出的异常，否则编译不通过。采取这种异常处理的原因可能是：方法本身不知道如何处理这样的异常，或者说让调用者处理更好，调用者需要为可能发生的异常负责。

【语法】

```
public 返回值 方法名（参数列表） throws 异常类列表 {
  // 方法的实现
  // 在方法体内，可以通过 throw 关键字向外抛出异常对象
}
```

示例：

```
// 定义一个包含异常声明的方法
public float division(float a, float b) throws Exception{
  if(b == 0){
    // 主动向外抛出异常
    throw new Exception(" 被除数不能为零 ");
  }
  return a / b;
}
```

第五节　Java 中自定义异常

在开发中，系统提供的异常类可能不能满足用户的要求，经常需要自己定义一些异常类。

如果要自定义异常类，则扩展自 Exception 类即可，因此这样的自定义异常都属于检查异常。

如果要自定义非检查异常，则扩展自 RuntimeException 类。

自定义异常应该总是包含以下构造函数：

(1) 一个无参数的构造函数。

(2) 一个带有 String 参数的构造函数，并传递给父类的构造函数。

(3) 一个带有 String 参数和 Throwable 参数，并都传递给父类构造函数。

(4) 一个带有 Throwable 参数的构造函数，并传递给父类的构造函数。

示例：

```
//定义一个异常类
public class MyException extends Exception {
  public MyException(){
    super();
  }

  public MyException(String message){
    super(message);
  }

  public MyException(String message, Throwable cause){
    super(message, cause);
  }

  public MyException(Throwable cause){
    super(cause);
  }
}
```

注意：

（1）当子类重写父类的带有 throws 声明的函数时，其 throws 声明的异常必须在父类异常的可控范围内——用于处理父类的 throws 方法的异常处理器，必须也适用于子类的 throws 方法，这是为了支持多态。例如，父类方法 throws 2 个异常，子类就不能 throws 3 个及以上的异常。父类 throws IOException，子类就必须 throws IOException 或者 IOException 的子类。

（2）Java 程序可以是多线程的。每个线程都是一个独立的执行流，独立的函数调用栈。如果程序只有一个线程，那么没有被任何代码处理的异常会导致程序终止。如果是多线程的，那么没有被任何代码处理的异常仅仅会导致异常所在的线程结束。也就是说，Java 中的异常是线程独立的，线程的问题应该由线程自己解决，而不要委托到外部，也不会直接影响其他线程的执行。

小　结

通过学习本章内容，我们掌握了 Java 语言中的异常机制，包括异常的声明、抛出、捕获及处理，好的异常处理机制能让代码更加健壮、更加优秀。

思考题

一、填空题

1. JDK 中定义了大量的异常类，这些类都是________类的子类或者间接子类。

2. 异常捕捉通常由 try、catch 两部分组成，________代码块用来存放可能发生的异常，________代码块用来处理产生的异常。

3. try{ } 里面有一个 return 语句，那么紧跟在 try 后面的 finally{ } 里的代码会在________被执行。

4. catch() 子句都带一个参数，该参数是某个异常的类及其变量名，catch________子句用该参数去与________对象的类进行匹配。

5. 按异常处理方法的不同可以分为运行异常、捕获异常、声明异常和________几种。

6. 自定义异常类型是从________类中派生的，所以要使用下面的声明语句来创建：<class>< 自定义异常名 ><extends><Exception>{… …}。

7. 抛出异常、生成异常对象都可以通过________语句实现。

8. Throwable 类有两个子类：________类和________类。

9. 捕获异常通过________语句实现。

10. Exception 异常是________异常，必须在程序中抛出或捕获。

二、阅读程序

1. 阅读下面的程序，分析代码是否能够编译通过，如果能编译通过，请列出运行的结果，否则说明编译失败的原因。

```
public class Test01{
  public static void main(String args[]){
    try{
       int x=2/0;
       System.out.println(x);
    }catch(Exception e){
       System.out.println(" 进入 catch 代码块 ");
    }finally{
       System.out.println(" 进入 finally 代码块 ");
    }
  }
}
```

2. 阅读程序，写出结果。

```
public class Test {
  public static void foo(){
    try{
       String s=null;
       String s2=s.toLowerCase();
    }catch(NullPointerException e){
       System.out.print("2");
    }finally{
       System.out.print("3");
```

```
            System.out.print("4");
        }
    }
    public static void main(String[] args) {
        foo();
    }
}
```

三、编程题

1. 从键盘上读入 1 个整数值，并处理输入无效数值（如输入 3.5）时产生的异常。

2. 从键盘读入 5 个整数存储在数组中，要求在程序中处理数组越界的异常。

3. 写一个方法 void sanjiao(int a, int b, int c)，判断三个参数是否能构成一个三角形，如果不能则抛出异常 llegalArgumentException，显示异常信息“a，b，c 不能构成三角形”，如果可以则显示三角形的三个边长。在主方法中得到命令行输入的三个整数，调用此方法，并捕获异常。

第九章 Java 输入/输出

在程序中，我们经常需要读取和写入数据，在 Java 语言中，读取和写入操作就对应着输入和输出（都是以 CPU 为中心，向 CPU 写入数据称为输入，把数据从 CPU 写入到内存或硬盘称为输出）。

在 Java 中，把不同的输入 / 输出源（键盘、文件、网络连接等）抽象表述为“流”（stream）。通过流的形式允许 Java 程序使用相同的方式访问不同的输入 / 输出源。流是一组有顺序的、单向的、有起点和终点的数据集合，就像水流。

第一节 Java 的 I/O 体系

Java 中的流可以分成以下几类：

磁盘操作：File。

字节操作：InputStream 和 OutputStream。

字符操作：Reader 和 Writer。

对象操作：Serializable。

网络操作：Socket。

字节流：以 8 位（即 1 字节）作为一个数据单元，数据流中最小的数据单元是字节。

Java 的 I/O 体系如图 9-1 所示。

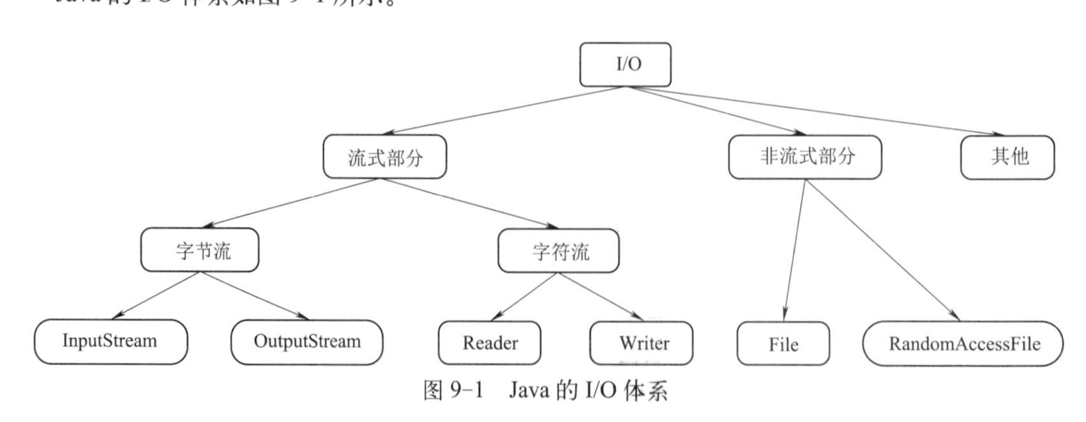

图 9-1 Java 的 I/O 体系

字符流：以 16 位（即 1 char，2 字节）作为一个数据单元，数据流中最小的数据单元是字符，Java 中的字符是 Unicode 编码，一个字符占用两个字节。

Java 常用的 I/O 类如图 9-2 所示。

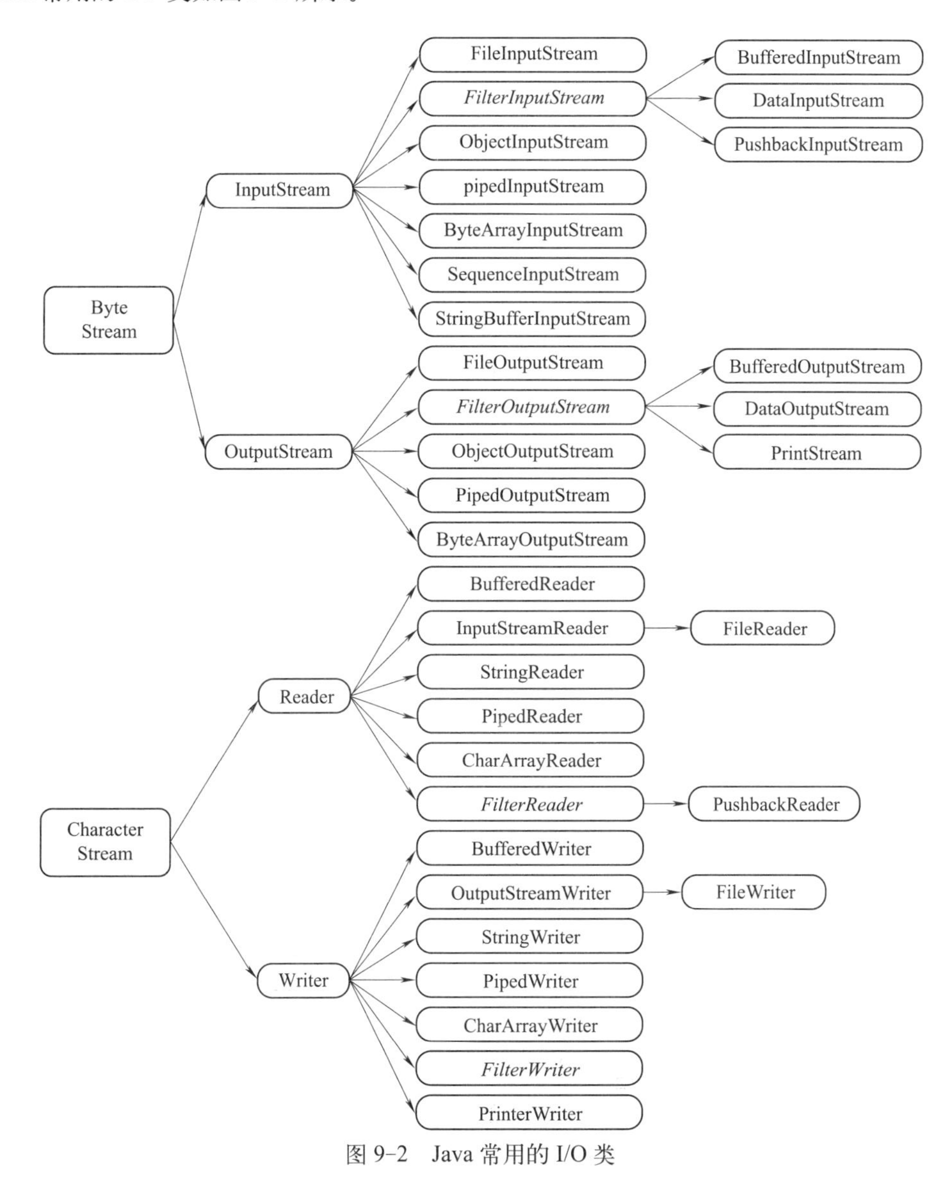

图 9-2 Java 常用的 I/O 类

第二节 Java 的文件和目录操作

在 Java 中，经常需要和文件与目录打交道，其实，就是调用 File 类的各种方法，File 类的常用方法如下：

（1）exists：判断文件或目录是否存在。

（2）isFile：判断是否是一个文件。

（3）isDirectory：判断是否是一个目录。

（4）listRoots：获取系统根目录盘符。

（5）listFiles：获取指定目录下的文件列表。

（6）mkdir：创建一级目录。

（7）mkdirs：创建多级目录（包含子目录）。

（8）delete：删除文件或目录。

（9）renameTo：文件重新命名（不能存在同名，原文件会删除）。

示例：

```
//设置目录
String path="c:" + File.separator;
File file = new File(path);
StringBuffer sb = new StringBuffer();
//判断是否是目录
if(file.isDirectory()){
   //获取目录下所有文件(包含文件和目录)
   File[] list = file.listFiles();
   for(File item : list){
      sb.append((item.isFile()? "文件":(item.isDirectory()? "目录":"其他")));
      sb.append("\t\t文件名=" + item.getName());
      sb.append("\r\n");
   }

   System.out.println(sb.toString());
}
```

第三节 Java 的字符流处理

Java 的字符流常用于读写文本文件。

示例：

```
public static void main(String[] args) {
   String path = "d:" + File.separator + "test";
   String fileName = path + File.separator + "测试文本.txt";
   String text = "中国加油！武汉加油！ ";

   try {
     //调用写入方法向文件写入内容
     writerText(path, fileName, text, "utf-8");
     //调用读取方法从文件中读取内容
     String content = readText(fileName, "utf-8");
     System.out.println(content);
   }catch(IOException e){
      e.printStackTrace();
   }
}
```

```
    //定义写入文本文件的方法
    public static void writerText(String path, String fileName, String text,
String encoding) throws IOException {
        File file = new File(path);
        //判断目录是否存在
        if(!file.exists()) {
            //不存在则创建目录
            if(!file.mkdirs()) {
              throw new IOException("目录创建失败");
            }
        }
        //定义一个文件输出流对象
        OutputStream os = new FileOutputStream(fileName);
        //定义一个字符流的文件输出对象
        Writer w = new OutputStreamWriter(os, encoding);
        //定义一个带缓存的写对象
        BufferedWriter bw = new BufferedWriter(w);
        //写入内容
        bw.write(text);
        //清空缓存
        bw.flush();
        //关闭流
        bw.close();
    }

    //定义一个读取文本文件的方法
    public static String readText(String fileName, String encoding) throws IOException {
        StringBuffer content = new StringBuffer();
        File file = new File(fileName);
        if (file.exists()) {
            char[] buffer = new char[1024];
            //定义一个文件输入流对象
            InputStream is = new FileInputStream(file);
            //定义一个字符流的文件输入对象
            Reader r = new InputStreamReader(is, encoding);
            //定义一个带缓存的读对象
            BufferedReader br = new BufferedReader(r);
            int count = 0;
            //循环读取数据
            while ((count = br.read(buffer, 0, buffer.length)) > 0) {
                content.append(String.valueOf(buffer, 0, count));
            }
            //关闭流
            br.close();
        }

        return content.toString();
    }
```

第四节　Java 字节流处理

Java 的字节流常用于复制任何类型的文件。

示例：

```
    public static void main(String[] args){
        String srcFileName = "d:" + File.separator + "test" + File.separator +
" 测试文本 .txt";
        String desPath = "d:" + File.separator + "test1";
        String desFileName = " 测试文本 1.txt";
        try {
            // 调用复制文件的方法
            copyFile(srcFileName, desPath, desFileName);
        } catch(IOException e) {
            e.printStackTrace();
        }
    }

    // 定义一个复制任何格式文件的方法
    public static void copyFile(String srcFileName, String desPath,
String desFileName) throws IOException{
        // 定义缓冲区大小
        byte[] buffer = new byte[1024];
        int count = 0;
        // 定义输入字节流对象
        FileInputStream fis = new FileInputStream(srcFileName);
        BufferedInputStream bis = new BufferedInputStream(fis);

        // 判断复制目标的目录是否存在，不存在则创建
        File file = new File(desPath);
        if (!file.exists()) {
            file.mkdirs();
        }
        // 定义输出字节流对象
        FileOutputStream fos = new FileOutputStream(desPath + File.separator +
desFileName);
        BufferedOutputStream bos = new BufferedOutputStream(fos);
        // 循环从输入流中读取数据到缓冲区
        while ((count = bis.read(buffer, 0, buffer.length)) != -1) {
            // 把缓冲区的内容写入输出流
            bos.write(buffer, 0, count);
        }

        // 关闭流对象
        bis.close();
        bos.close();
    }
```

第五节　Java 中输入流 Scanner

在 Java 语言中提供了一个 Scanner 类，用于从控制台接收用户的输入，主要通过其 next（输入的内容不能含有空格）和 nextLine 方法获取用户输入的内容。

示例：

```
// 定义一个输入流对象
Scanner s = new Scanner(System.in);
// 提示输入:
System.out.println("请输入字符串: ");
if(s.hasNextLine()){
   String input = s.nextLine();
   System.out.println("输入的内容: " + input);
}
s.close();
```

第六节　Java 中流的转换

在 Java 中，系统提供了如下两个类用于流转换。

（1）字节转字符：InputStreamReader 类。

（2）字符转字节：OutputStreamWriter 类。

Java 中的流转换如图 9-3 所示。

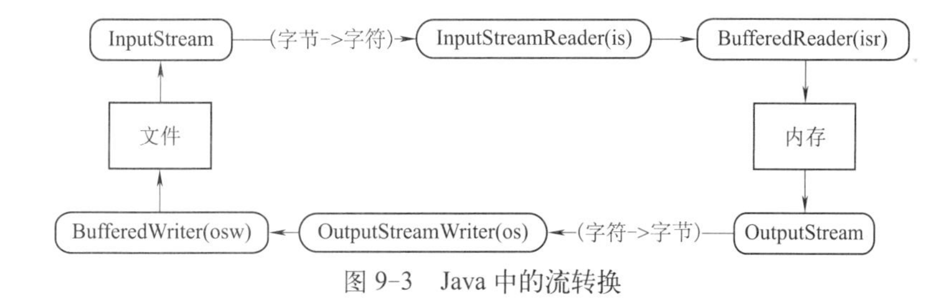

图 9-3　Java 中的流转换

示例：

```
public static void main(String[] args) {
    InputStream in = System.in;
    // 将字节流转换成字符流
    InputStreamReader inr = new InputStreamReader(in);
    // 加入缓存技术，提高读取效率
    BufferedReader br = new BufferedReader(inr);

    OutputStream out = System.out;
    // 将字符流转换成字节流
    OutputStreamWriter ow = new OutputStreamWriter(out);
    // 加入缓存技术，提高输出效率
    BufferedWriter bw = new BufferedWriter(ow);
```

```
        String line = null;
        try {
            while ((line = br.readLine()) != null) {
                // 如果输入 "over", 表示输入结束
                if ("over".equals(line)) {
                    br.close();
                    bw.close();
                    break;
                }

                // 简单的处理
                bw.write(line.toUpperCase());
                bw.newLine();
                bw.flush();
            }
        } catch (IOException e) {
            e.printStackTrace();
        }
    }
```

小　结

通过学习本章内容，我们学习了 Java 语言中常用的流，包括字节流和字符流，同时，还了解了如何操作文件系统。

思考题

编程题

1. 编写程序，建立一个文件 myfile.txt，并可向文件输入“I am a student！”。

2. 当前目录下有一文件 file.txt，其内容为“abcde”。编写程序，执行该程序后，file.txt 的内容变为“abcdeABCDE”。

3. 编写程序，可以把从键盘输入的字符串读到数组中，并在屏幕上逆序输出。

4. 编写程序，创建一个 RandomAccessFile 类的对象，使用 readFully( ) 方法读取该程序从起始位置开始的 20 个字节数据，并显示在屏幕上。

5. 编写程序，从键盘输入一串字符，统计这串字符中英文字母、数字以及其他符号的字符数。

6. 利用文件输入 / 输出流编写一个实现文件复制的程序，源文件名和目标文件名通过命令行参数传入。

第十章 Java 图形用户界面

早期，计算机向用户提供的是单调、枯燥、纯字符状态的“命令行界面（CLI）”。就是到现在，我们还可以依稀看到它们的身影：在 Windows 中开个 DOS 窗口，就可看到历史的足迹。后来，Apple 公司率先在计算机的操作系统中实现了图形化的用户界面（Graphical User Interface，GUI），但由于 Apple 公司封闭的市场策略，自己完成计算机硬件、操作系统、应用软件一条龙的产品，与其他 PC 不兼容。这使得 Apple 公司错过了一次一统全球 PC 的好机会。

在图形用户界面流行的今天，若一个应用软件没有良好的 GUI 是无法让用户接受的。而 Java 语言也深知这一点的重要性，它提供了一套可以轻松构建 GUI 的工具。

第一节 Java 的 GUI 概述

Java 中提供了三个主要的包做 GUI 开发：

（1）java.awt 包——主要提供字体 / 布局管理器。

（2）javax.swing 包——主要提供各种组件 (窗口 / 按钮 / 文本框)。

（3）java.awt.event 包——事件处理，后台功能的实现。

创建图形用户界面程序的第一步是创建一个容器类以容纳其他组件，常见的窗口就是一种容器。容器本身也是一种组件，它的作用就是用来组织、管理和显示其他组件。

Swing 中容器可以分为两类：顶层容器和中间容器。顶层容器是进行图形编程的基础，一切图形化的东西都必须包括在顶层容器中。顶层容器是任何图形界面程序都要涉及的主窗口，是显示并承载组件的容器组件。在 Swing 中有三种可以使用的顶层容器，分别是 JFrame、JDialog 和 JApplet：

（1）JFrame：用于框架窗口的类，此窗口带有边框、标题、关闭和最小化窗口的图标。带 GUI 的应用程序至少使用一个框架窗口。

（2）JDialog：用于对话框的类。

（3）JApplet：用于使用 Swing 组件的 Java Applet 类。

Swing 类库组织结构如图 10-1 所示。

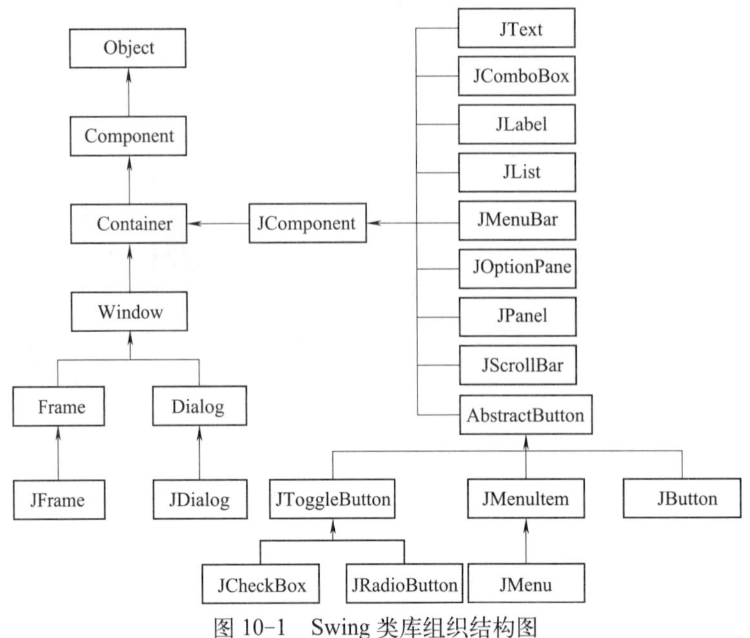

图 10-1 Swing 类库组织结构图

中间容器是容器组件的一种，也可以承载其他组件，但中间容器不能独立显示，必须依附于其他的顶层容器。常见的中间容器有 JPanel、JScrollPane、JTabbedPane 和 JToolBar：

（1）JPanel：表示一个普通面板，是最灵活、最常用的中间容器。

（2）JScrollPane：与 JPanel 类似，但它可在大的组件或可扩展组件周围提供滚动条。

（3）JTabbedPane：表示选项卡面板，可以包含多个组件，但一次只显示一个组件，用户可在组件之间方便地切换。

（4）JToolBar：表示工具栏，按行或列排列一组组件（通常是按钮）。

在 Java 程序中容器类都是继承自 Container 类。

在 Swing 中，任何其他组件都必须位于一个顶层容器中。JFrame 窗口和 JPanel 面板是常用的顶层容器。

JFrame 用来设计类似于 Windows 系统中窗口形式的界面。JFrame 是 Swing 组件的顶层容器，该类继承了 AWT 的 Frame 类，支持 Swing 体系结构的高级 GUI 属性。

使用 JFrame 类创建 GUI 界面时，其组件的布局组织示意如图 10-2 所示。

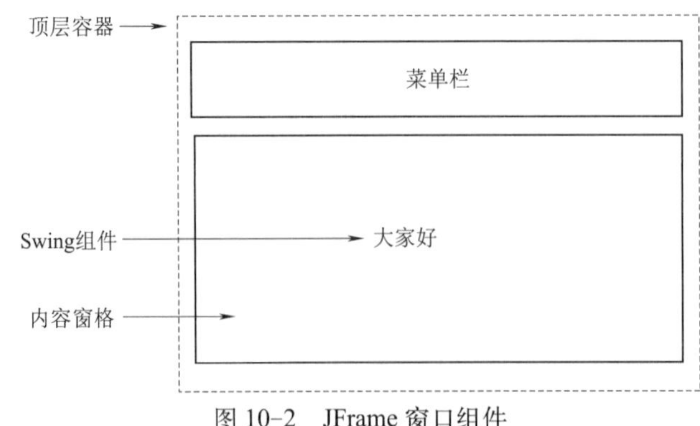

图 10-2 JFrame 窗口组件

JFrame 类的常用方法如表 10-1 所示。

表 10-1　JFrame 类的常用方法

方法名称	说　明
getContentPane ( )	返回此窗体的 contentPane 对象
getDefaultCloseOperation ( )	返回用户在此窗体上单击“关闭”按钮时执行的操作
setContentPane (Container contentPane)	设置 contentPane 属性
setDefaultCloseOperation(int operation)	设置用户在此窗体上单击“关闭”按钮时默认执行的操作
setDefaultLookAndFeelDecorated (booleandefaultLookAndFeelDecorated)	设置 JFrame 窗口使用的 Windows 外观（如边框、关闭窗口的小部件、标题等）
setIconImage (Image image)	设置要作为此窗口图标显示的图像
setJMenuBar (JMenuBar menubar)	设置此窗体的菜单栏
setLayout (LayoutManager manager)	设置 LayoutManager 属性

JPanel 是一种中间层容器，它能容纳组件并将组件组合在一起，但它本身必须添加到其他容器中使用。JPanel 类的常用方法如表 10-2 所示。

表 10-2　JPanel 类的常用方法

方法名及返回值类型	说　明
Component add (Component comp)	将指定的组件追加到此容器的尾部
void remove (Component comp)	从容器中移除指定的组件
void setFont (Font f)	设置容器的字体
void setLayout (LayoutManager mgr)	设置容器的布局管理器
void setBackground (Color c)	设置组件的背景色

第二节　GUI 的布局器

在 Java 的 Swing 程序中，最顶层的框架是 JFrame，在 JFrame 之中是 JPanel，经常需要在 JPanel 之中安置常用的窗体组件（如标签、文本框、复选框、单选按钮、下拉列表及按钮等），这些组件按一定的规则排列，管理这些规则的组件就是布局器组件。常用的布局器有 FlowLayout、BorderLayout、GridLayout、AbstractLayout 等，如图 10-3 所示。

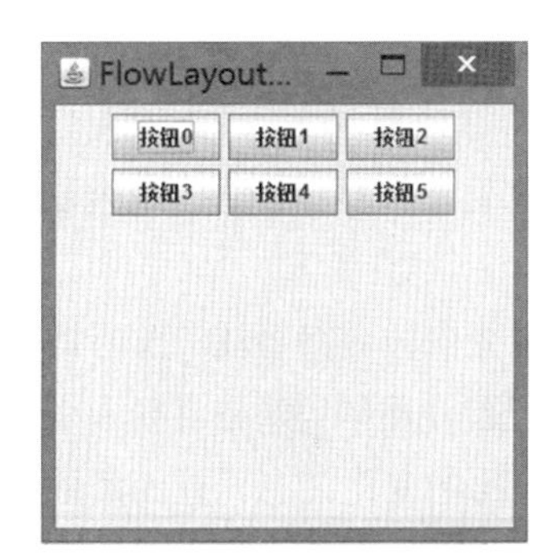

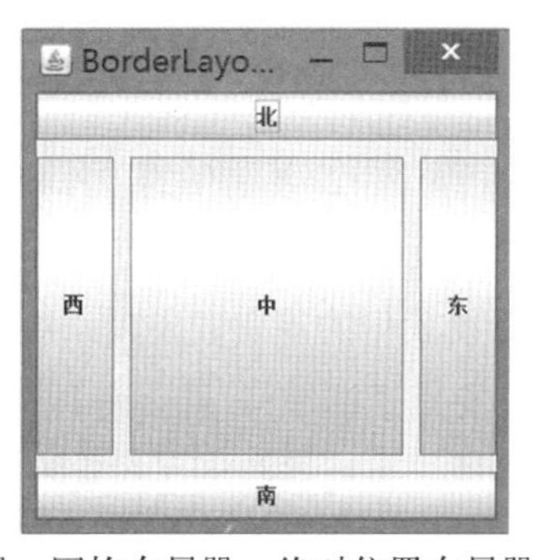

图 10-3　流式布局器、边框布局器、网格布局器、绝对位置布局器

图 10-3　流式布局器、边框布局器、网格布局器、绝对位置布局器（续）

通常，按照程序的需要选择并使用合适的布局器，布局器之间还可以进行嵌套，从而形成更加复杂的界面。如图 10-4 所示，整体界面由两个 JPanel 组成，按 GridLayout 进行布局，在上面的 JPanel 中嵌套了 FlowLayout 布局器，下面的 JPanel 中嵌套 GridLayout 布局器。

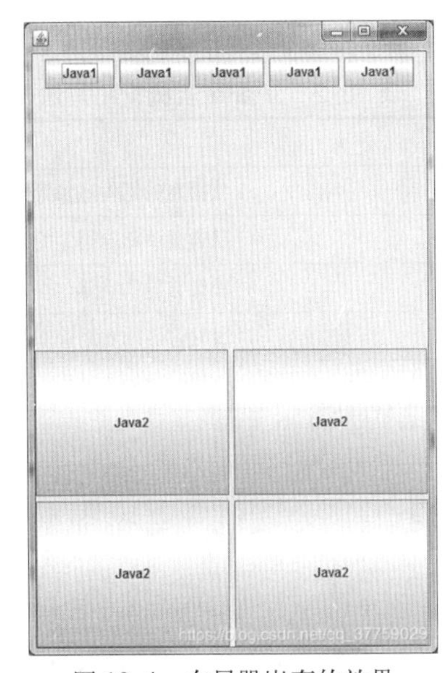

图 10-4　布局器嵌套的效果

第三节　GUI 的事件监听

在 Java 的 Swing 程序中，各组件的工作模式都是事件驱动模式，也就是说，如果没有事件触发，各组件的状态不会改变。

这里使用了设计模式中的观察者模式，观察者先向被观察者注册监听器，然后，当被观察者的状态发生变化时（发生了事件），就会逐个通知已经注册的监听器并传递变化的消息，这样，注册监听器的观察者就通过监听器收到了被观察者发出的变化消息，进而调用自己的方法（又称事件处理）来处理接收到的变化消息，从而完成事件驱动的目的。就像我们在动物园看猴子，我们是观察者，猴子是被观察者，首先我们要看猴子，也就是关注猴子的变化（向被观察者注册监听器），当猴子吃到辣椒，发出挤眉弄眼的表情时（事件发生，状态改变），我们通过眼睛（监听器）就接收到猴子给我们发送的变化信息，从而引起我们哈哈大笑（事件处理程序）。

在程序中，各组件就是观察者，操作系统就是被观察者，当用户移动鼠标、按下鼠标或按下键盘时，就触发的事件，操作系统会先把这些事件进行封装，然后以消息的形式发送给各组件，各组件再调用编写的事件处理程序完成工作。

所以，在编写 GUI 程序时，主要任务有两个，一个是使用布局器和各种组件设计好程序的界面，另一个是使用组件中合适的监听器去处理各种系统发送的消息（事件处理程序）。计算器程序如图 10-5 所示。

图 10-5 计算器程序

常用的事件有：键盘事件、鼠标事件、组件的事件。

示例：

```
public class WinCalc {
    private JFrame frame;
    private JTextField txtValue;
    //定义变量保存等号左边的值
    private double leftValue = 0;
    //定义变量保存运算符
    private String operator = null;
    //是否发生了除零异常，如果没有异常，则保存左值
    private boolean hasError = false;

    /**
     * Launch the application.
     */
    public static void main(String[] args) {
        EventQueue.invokeLater(new Runnable() {
            public void run() {
                try {
                    WinCalc window = new WinCalc();
                    window.frame.setVisible(true);
                } catch (Exception e) {
                    e.printStackTrace();
                }
            }
        });
    }

    /**
     * Create the application.
     */
    public WinCalc() {
        initialize();
```

```
            setFrameCenter();
        }

        /**
         * Initialize the contents of the frame.
         */
        private void initialize() {
            frame = new JFrame();
            frame.setIconImage(Toolkit.getDefaultToolkit().getImage(WinCalc.class.
getResource("/com/sun/javafx/scene/web/skin/FontBackgroundColor_16x16_JFX.png")));
            frame.getContentPane().setBackground(SystemColor.activeCaption);
            frame.setResizable(false);
            frame.setTitle("计算器");
            frame.setBounds(100, 100, 255, 238);
            frame.setDefaultCloseOperation(JFrame.EXIT_ON_CLOSE);
            frame.getContentPane().setLayout(null);

            //数字监听器及处理程序（针对 0~9）
            ActionListener digitActionListener = new ActionListener() {
                @Override
                public void actionPerformed(ActionEvent e) {
                    String currentValue = txtValue.getText();
                    JButton btn = (JButton) e.getSource();
                    if ("0".equals(currentValue)) {
                        txtValue.setText(btn.getText());
                    } else {
                        txtValue.setText(currentValue + btn.getText());
                    }
                }
            };

            //运算符监听器及处理程序（针对 +-*/）
            ActionListener signActionListener = new ActionListener() {
                @Override
                public void actionPerformed(ActionEvent e) {
                    if (!hasError) {
                        String currentValue = txtValue.getText();
                        leftValue = Double.valueOf(currentValue).doubleValue();
                        txtValue.setText("0");
                        JButton btn = (JButton) e.getSource();
                        operator = btn.getText();
                    }
                }
            };

            JButton btn7 = new JButton("7");
            btn7.addActionListener(digitActionListener);
            btn7.setFont(new Font("微软雅黑", Font.BOLD, 16));
            btn7.setBounds(10, 50, 50, 30);
```

```
frame.getContentPane().add(btn7);

JButton btn8 = new JButton("8");
btn8.addActionListener(digitActionListener);
btn8.setFont(new Font(" 微软雅黑 ", Font.BOLD, 16));
btn8.setBounds(70, 50, 50, 30);
frame.getContentPane().add(btn8);

JButton btn9 = new JButton("9");
btn9.addActionListener(digitActionListener);
btn9.setFont(new Font(" 微软雅黑 ", Font.BOLD, 16));
btn9.setBounds(130, 50, 50, 30);
frame.getContentPane().add(btn9);

JButton btn4 = new JButton("4");
btn4.addActionListener(digitActionListener);
btn4.setFont(new Font(" 微软雅黑 ", Font.BOLD, 16));
btn4.setBounds(10, 90, 50, 30);
frame.getContentPane().add(btn4);

JButton btn5 = new JButton("5");
btn5.addActionListener(digitActionListener);
btn5.setFont(new Font(" 微软雅黑 ", Font.BOLD, 16));
btn5.setBounds(70, 90, 50, 30);
frame.getContentPane().add(btn5);

JButton btn6 = new JButton("6");
btn6.addActionListener(digitActionListener);
btn6.setFont(new Font(" 微软雅黑 ", Font.BOLD, 16));
btn6.setBounds(130, 90, 50, 30);
frame.getContentPane().add(btn6);

JButton btn1 = new JButton("1");
btn1.addActionListener(digitActionListener);
btn1.setFont(new Font(" 微软雅黑 ", Font.BOLD, 16));
btn1.setBounds(10, 130, 50, 30);
frame.getContentPane().add(btn1);

JButton btn2 = new JButton("2");
btn2.addActionListener(digitActionListener);
btn2.setFont(new Font(" 微软雅黑 ", Font.BOLD, 16));
btn2.setBounds(70, 130, 50, 30);
frame.getContentPane().add(btn2);

JButton btn3 = new JButton("3");
btn3.addActionListener(digitActionListener);
btn3.setFont(new Font(" 微软雅黑 ", Font.BOLD, 16));
btn3.setBounds(130, 130, 50, 30);
frame.getContentPane().add(btn3);
```

```
        JButton btn0 = new JButton("0");
        btn0.addActionListener(digitActionListener);
        btn0.setFont(new Font("微软雅黑", Font.BOLD, 16));
        btn0.setBounds(10, 170, 50, 30);
        frame.getContentPane().add(btn0);

        JButton btnDot = new JButton(".");
        //小数点按钮设置监听器及处理程序
        btnDot.addActionListener(new ActionListener() {
            @Override
            public void actionPerformed(ActionEvent e) {
                String currentValue = txtValue.getText();
                if (!currentValue.contains(".")) {
                    txtValue.setText(currentValue + ".");
                }
            }
        });
        btnDot.setFont(new Font("微软雅黑", Font.BOLD, 16));
        btnDot.setBounds(70, 170, 50, 30);
        frame.getContentPane().add(btnDot);

        JButton btnEqual = new JButton("=");
        //等号按钮设置监听器及处理程序
        btnEqual.addActionListener(new ActionListener() {
            @Override
            public void actionPerformed(ActionEvent e) {
                hasError = false;
                String currentValue = txtValue.getText();
                switch (operator) {
                case "+":
                    leftValue += Double.valueOf(currentValue).doubleValue();
                    txtValue.setText(leftValue + "");
                    break;
                case "-":
                    leftValue -= Double.valueOf(currentValue).doubleValue();
                    txtValue.setText(leftValue + "");
                    break;
                case "*":
                    leftValue *= Double.valueOf(currentValue).doubleValue();
                    txtValue.setText(leftValue + "");
                    break;
                case "/":
                    if ("0".equals(currentValue)) {
                        hasError = true;
                        JOptionPane.showMessageDialog(null, "除数不能为0！",
"提示", JOptionPane.ERROR_MESSAGE);
                        return;
                    }
                    leftValue /= Double.valueOf(currentValue).doubleValue();
```

```
                txtValue.setText(leftValue + "");
                break;
            }
        }
    });
    btnEqual.setFont(new Font("微软雅黑", Font.BOLD, 16));
    btnEqual.setBounds(130, 170, 50, 30);
    frame.getContentPane().add(btnEqual);

    JButton btnAdd = new JButton("+");
    btnAdd.addActionListener(signActionListener);
    btnAdd.setFont(new Font("微软雅黑", Font.BOLD, 16));
    btnAdd.setBounds(190, 50, 50, 30);
    frame.getContentPane().add(btnAdd);

    JButton btnSub = new JButton("-");
    btnSub.addActionListener(signActionListener);
    btnSub.setFont(new Font("微软雅黑", Font.BOLD, 16));
    btnSub.setBounds(190, 90, 50, 30);
    frame.getContentPane().add(btnSub);

    JButton btnMul = new JButton("*");
    btnMul.addActionListener(signActionListener);
    btnMul.setFont(new Font("微软雅黑", Font.BOLD, 16));
    btnMul.setBounds(190, 130, 50, 30);
    frame.getContentPane().add(btnMul);

    JButton btnDiv = new JButton("/");
    btnDiv.addActionListener(signActionListener);
    btnDiv.setFont(new Font("微软雅黑", Font.BOLD, 16));
    btnDiv.setBounds(190, 170, 50, 30);
    frame.getContentPane().add(btnDiv);

    txtValue = new JTextField();
    txtValue.setBackground(Color.PINK);
    txtValue.setHorizontalAlignment(SwingConstants.RIGHT);
    txtValue.setEditable(false);
    txtValue.setFont(new Font("微软雅黑", Font.BOLD, 16));
    txtValue.setText("0");
    txtValue.setBounds(10, 10, 170, 30);
    frame.getContentPane().add(txtValue);
    txtValue.setColumns(10);

    JButton btnClear = new JButton("C");
    //清除按钮设置监听器
    btnClear.addActionListener(new ActionListener() {
        public void actionPerformed(ActionEvent e) {
            leftValue = 0;
            txtValue.setText("0");
```

```
            }
        });
        btnClear.setFont(new Font("微软雅黑", Font.BOLD, 16));
        btnClear.setBounds(190, 10, 50, 30);
        frame.getContentPane().add(btnClear);
    }

    //新增加的设置窗体居中的方法
    private void setFrameCenter() {
        Toolkit toolKit = Toolkit.getDefaultToolkit();

        Dimension dimension = toolKit.getScreenSize();
        double screenWidth = dimension.getWidth();
        double screenHeigth = dimension.getHeight();

        int frameWidth = frame.getWidth();
        int frameHeight = frame.getHeight();

        int left = (int) (screenWidth - frameWidth) / 2;
        int top = (int) (screenHeigth - frameHeight) / 2;
        frame.setLocation(left, top);
    }
}
```

小　结

通过学习本章内容，我们学习了 Java 语言中的 Swing 技术，它让我们有能力使用 Java 语言编写桌面程序。

思考题

一、填空题

1. 在自定义 Swing 构件时，首先要确定使用哪种构件类作为所定制构件的________，一般继承 Jpanel 类或更具体的 Swing 类。

2. Swing 的事件处理机制包括________、事件和事件处理者。

3. Java 事件处理包括建立事件源、________和将事件源注册到监听器。

4. Java 的图形界面技术经历了两个发展阶段，分别通过提供 AWT 开发包和________开发包来实现。

5. 抽象窗口工具包________提供用于所有 Java applets 及应用程序中的基本 GUI 组件。

6. Window 有两种形式：JFrame（框架）和________。

7. 容器中组件的位置和大小由________________决定。

8. 可以使用 setLocation( )，setSize( ) 或________中的任何一种方法设定组件的大小或位置。

9. 容器 Java.awt.Container 是________类的子类。

10. 框架的缺省布局管理器是________。

11. ________包括五个明显的区域：东、南、西、北、中。

12. ________局管理器是容器中各个构件呈网格布局，平均占据容器空间。

13. ________组件提供了一个简单的“从列表中选取一个”类型的输入。

14. 在组件中显示时所使用的字体可以用________方法来设置。

15. 为了保证平台独立性，Swing 是用________编写。

16. Swing 采用了一种 MVC 的设计范式，即________。

17. Swing GUI 使用两种类型的类，即 GUI 类和________支持类。

18. ________由一个玻璃面板、一个内容面板和一个可选择的菜单条组成。

19. 对 Swing 构件可以设置________边框。

20. ________对话框在被关闭前将阻塞包括框架在内的其他所有应用程序的输入。

二、编程题

1. 编写一个 AWT 程序，在 JFrame 中加入 80 个按钮，分 20 行 4 列，用 GridLayout 布局方式，按钮背景为黄色（Color.yellow），按钮文字颜色为红色（Color.red）。

2. 编写一个 AWT 程序，在 Frame 中加入 2 个按钮（Button）和 1 个标签（Label），单击两个按钮，显示按钮的标签于 Label。

3. 在 JFrame 中加入 1 个文本框，1 个文本区，每次在文本框中输入文本，回车后将文本添加到文本区的最后一行。

4. 在 JFrame 中加入 2 个复选框，显示标题为“学习”和“玩耍”，根据选择的情况，分别显示“玩耍”“学习”“劳逸结合”。

5. 做一个简易的“+ − × /”计算器：JFram 中加入 2 个提示标签，1 个显示结果的标签，2 个输入文本框，4 个单选按钮（标题分别为 + − × /），1 个按钮，分别输入 2 个整数，选择相应运算符，单击后显示计算结果。

第十一章 Java 多线程技术

前面章节中编写的 Java 程序都是从 main 方法开始顺序执行每行代码，代码执行完成之后，结束整个应用程序。这样顺序执行的程序称为单线程程序，单线程程序在同一个时间内只执行一个任务。在实际处理问题的过程中，单线程程序往往不能适应复杂的业务需求。例如，在 Web 项目中，多个用户通过浏览器客户端向服务器端发出请求，如果服务器端采用单线程程序处理用户发送的请求，将会导致用户等待响应时间过长，服务效率低下的问题。要想缩短用户等待时间，提高服务效率，可以采用多线程的程序来同时处理多个请求任务。

多线程程序将单个任务按照功能分解成多个子任务来执行，每个子任务称为一个线程，多个线程共同完成主任务的运行过程。例如，前面提到的 Web 项目，服务器端主程序将用户的每个请求创建一个线程（子任务）去处理用户的请求，这样就可以提高服务器端的服务性能，缩短用户等待响应时间。

第一节　程序、进程与线程

程序：是 Java 代码经过编译之后，形成的一个包含了诸多 .class 文件的有一定功能的静态包（以 .jar 或 .war 结尾），程序以文件的形式保存在硬盘中，等待运行。

进程：是程序被加载到内存中的一次运行，是程序的动态表现，一个程序可以被同时加载多次，而形成多个不同的进程（比如 QQ），进程被加载到内存后，系统就会为其分配运行时所需的资源（主要是内存空间）。

线程：是 CPU 的最小执行单元（每次 CPU 执行命令时，都是在执行一个线程，有时一次执行完毕，有时要分多次才能执行完一个线程），一个进程最少有一个线程，该线程称为主线程，这样的程序称单线程程序，如果一个进程包含了 2 个以上的线程，则该进程就是多线程的，多个线程共享系统给进程分配的资源，而且多个线程是并发执行的（每次进程运行时，其内部多个线程的执行次序是不固定的），因此，多线程之间会由于共享资源而引发冲突，编写代码也比单线程程序更加复杂。每个线程都是独立的，并以抢占 CPU 和内存资源的方式并发执行。

第二节　线程的实现

在 Java 中，可以通过两种方法创建线程：实现 Runnable 接口或者创建一个 Thread 或其子类的实例。

其实，无论是继承 Thread 类还是实现 Runnable 接口，其本质都是重写 run 方法（Thread 类就是 Runnable 接口的实现类）。只是实现 Runnable 接口后，其必须借助 Thread 才能创建线程。线程的实现如图 11-1 所示。

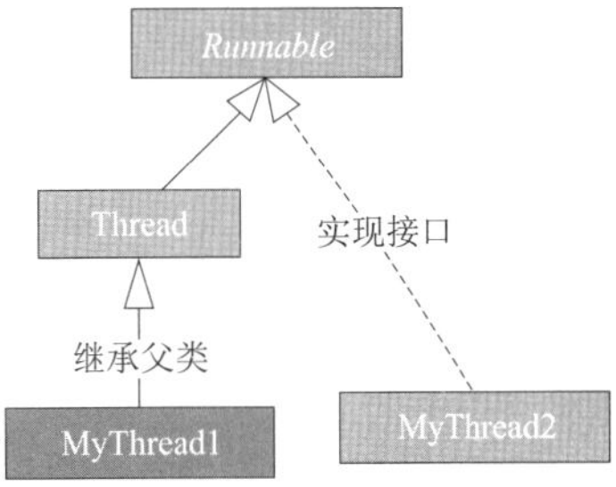

图 11-1　线程的实现

示例：

```
public class Test {
    public static void main(String[] args){
        // 定义一个线程实例
        MyThread1 t1 = new MyThread1("test");
        // 定义一个线程实例
        // 因为 MyThread2 直接实现了 Runnable 接口，所以其实例要作为 Thread 的参数传入
        // 这也是实现 Runnable 接口与继承 Thread 的区别
        Thread t2 = new Thread(new MyThread2());
        // 线程就绪一定要调用 start 方法，不能调用 run 方法
        // 多执行几次代码，可以看到输出是乱序的
        t1.start();
        t2.start();
    }
}

// 定义一个线程类，其继承自 Thread
class MyThread1 extends Thread {
    private String name;
    public MyThread1(String name) {
        this.name = name;
    }

    // 必须重写父类的 run 方法
    @Override
    public void run() {
        System.out.println("Thread Name = " + this.name);
    }
}

// 定义一个线程类，实现 Runnable 接口
class MyThread2 implements Runnable{
    // 必须重写 run 方法
    @Override
    public void run() {
        System.out.println("Thread implements Runnable");
    }
}
```

第三节　线程的生命周期及状态

线程的状态及转换如图 11-2 所示。

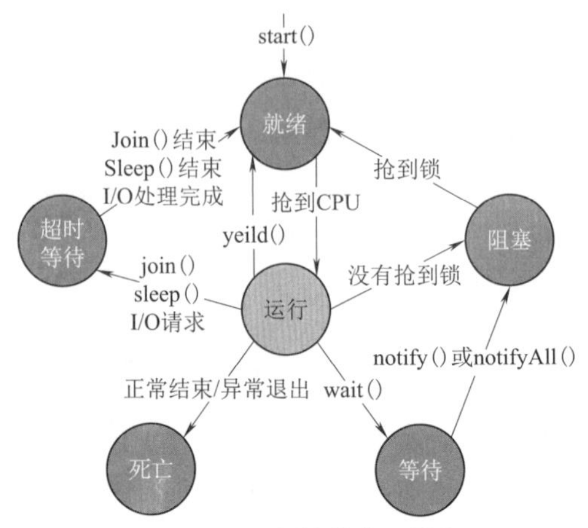

图 11-2　线程的状态及转换

就绪状态：当调用线程对象的 start() 方法时，线程即进入就绪状态。处于就绪状态的线程，只是说明此线程已经做好了准备，随时等待 CPU 调度执行，并不是说执行了 t.start() 后此线程立即就会执行。

运行状态：当 CPU 开始调度处于就绪状态的线程时，此时线程才得以真正执行，即进入运行状态。就绪状态是进入运行状态的唯一入口，也就是说，线程要想进入运行状态执行，首先必须处于就绪状态中。

阻塞状态：处于运行状态中的线程由于某种原因，暂时放弃对 CPU 的使用权，停止执行，此时进入阻塞状态，直到其进入就绪状态，才有机会再次被 CPU 调用以进入运行状态。根据阻塞产生的原因不同，阻塞状态又可以分为三种：

（1）等待：运行状态中的线程执行 wait() 方法，使本线程进入等待阻塞状态。

（2）阻塞：线程在获取同步锁时失败 (因为锁被其他线程所占用)，它会进入同步阻塞状态。

（3）超时等待：通过调用线程的 sleep() 或 join() 或发出了 I/O 请求时，线程会进入阻塞状态。当 sleep() 状态超时、join() 等待线程终止或者超时，或者 I/O 处理完毕时，线程重新转入就绪状态。

死亡状态：线程执行完了或者因异常退出了 run() 方法，该线程结束生命周期。

线程的调度模型有 2 种：分时调度模型和抢占式调度模型。Java 语言属于抢占式调度模型。所谓的多线程的并发运行，其实是指宏观上看，各个线程轮流获得 CPU 的使用权，分别执行各自的任务（线程的调度不是跨平台，它不仅取决于 Java 虚拟机，它还依赖于操作系统）。

如果希望明确地让一个线程给另外一个线程运行的机会，可以采取以下办法之一：

（1）调整各个线程的优先级：Thread 类的 setPriority(int) 和 getPriority() 方法分别用来设置优先级和读取优先级，优先级高的要比优先级低的线程多一些运行的机会。

（2）让处于运行状态的线程调用 Thread.sleep() 方法：当线程在运行中执行了 Thread 类的 sleep() 静态方法时，它就会放弃 CPU，转到阻塞状态。

（3）让处于运行状态的线程调用 Thread.yield() 方法：当线程在运行中执行了 Thread 类的 yield() 静态方法时，如果此时具有相同优先级的其他线程处于就绪状态，那么 yield() 方法将把当前运行的线程放到运行池中并使另一个线程运行。如果没有相同优先级的可运行线程，则 yield() 方法什么也不做。

（4）让处于运行状态的线程调用另一个线程的 join() 方法：当前运行的线程将转到阻塞状态，直到另一个线程运行结束，它才恢复运行。

注意：

（1）sleep() 方法会给其他线程运行的机会，而不考虑其他线程的优先级，因此会给优先级较低的线程一个运行机会；yield() 方法只会给相同优先级或者更高优先级的线程一个运行机会。

（2）当线程执行了 sleep(long millis) 方法后，将转到阻塞状态，参数 millis 指定睡眠时间；当线程执行了 yield() 方法后，将立刻转到就绪状态。

（3）sleep() 方法声明抛出 InterruptedException 异常，需要明确的异常处理，而 yield() 方法没有声明抛出任何异常。

（4）sleep() 方法比 yield() 方法具有更好的移植性。

示例：

```
public class Test {
    public static void main(String[] args){
        //定义 10 个线程，5 个高优先级，5 个低优先级
        for(int i = 0;i < 5;i++){
            MyThread t1 = new MyThread("t1");
            //设置为最低的优先级
            t1.setPriority(Thread.MIN_PRIORITY);

            MyThread t2 = new MyThread("t2");
            //设置为最高的优先级
            t2.setPriority(Thread.MAX_PRIORITY);

            //线程就绪
            t1.start();
            t2.start();
            //多次执行代码，发现 t2 总是比 t1 先运行完成
        }
    }
}

//定义一个线程，继承自 Thread 类
class MyThread extends Thread {
    private String name;
    public MyThread(String name) {
        this.name = name;
    }

    @Override
    public void run() {
        System.out.println("Thread Name = " + this.name);
    }
}
```

第四节　线程的同步

在 Java 语言中，由于多个线程并发执行，共享一个进程的内存资源，所以，就存在争抢资源的问题，尤其是向同一个共享内存中写入数据，后一个线程会覆盖前一个线程写入的数据，而当前一个线程再次运行，读取数据时，会读取到错误的数据，从而导致运算错误，产生异常。

如何让每一个线程按次序执行呢？这就是线程的同步，其实现机制很简单，就是锁。当一个线程要访问一个共享资源时，先查看一下该共享资源是否上锁，如果已经上锁，表示该资源已经被别的线程锁定，暂时无法访问，只能等待锁的释放，如果没有上锁，则表示可以访问，访问时，先给该资源上锁，然后使用该资源，当使用完毕时，再解锁，以便让其他线程可以使用。

Java 使用同步方法、同步块或上锁等方式来实现线程同步：

（1）同步方法：使用 synchronized 关键字修饰方法。由于 Java 的每个对象都有一个内置锁，当用此关键字修饰方法时，内置锁会保护整个方法。在调用该方法前，需要获得内置锁，否则就处于阻塞状态。同步方法是对这个方法块中的代码进行同步，而这种情况下锁定的对象就是同步方法所属的主体对象自身。注意：synchronized 关键字也可以修饰静态方法，此时如果调用该静态方法，将会锁住整个类。

（2）同步块：同步是一种高开销的操作，因此应该尽量减少同步的内容，通常没有必要同步整个方法，使用 synchronized 代码块同步关键代码即可。同步块是通过锁定一个指定的对象，来对同步块中包含的代码进行同步。

（3）使用 Lock 接口：ReentrantLock 类是 Lock 接口的实现类，使用 ReentrantLock 也可以实现线程同步。ReentrantLock 需要先锁定，然后使用，最后要解锁，否则会导致死锁。ReentrantLock 一般和 try-finally 配合使用。在 try 中进行锁定和使用，在 finally 中进行解锁。

注意：使用 Lock 比 synchronized 有一定的优势。比如如下情景：

（1）在使用 synchronized 关键字的情形下，假如占有锁的线程由于要等待 I/O 或者其他原因（比如调用 sleep() 方法）被阻塞了，但是又没有释放锁，那么其他线程就只能一直等待，别无他法。这会极大地影响程序的执行效率。

（2）当多个线程读写文件时，读操作和写操作会发生冲突现象，写操作和写操作也会发生冲突现象，但是读操作和读操作不会发生冲突现象。但是如果采用 synchronized 关键字实现同步的话，就会导致一个问题，即当多个线程都只是进行读操作时，也只有一个线程在进行读操作，其他线程只能等待锁的释放而无法进行读操作。

（3）可以通过 Lock 得知线程有没有成功获取到锁，但这个是 synchronized 无法办到的。

示例：

```
public class Test {
    public static void main(String[] args) {
        Thread t1 = new Thread(new ThreadTest());
        Thread t2 = new Thread(new ThreadTest());

        //线程就绪
        t1.start();
        t2.start();

        //包含关键字 synchronized 时，每次总是顺序输出
        //去掉关键字 synchronized 时，输出是乱序的
    }
}
```

```
//定义一个线程类，实现了 Runnable 接口
class ThreadTest implements Runnable {
    //使用 synchronized 关键字修饰重写的 run 方法
    //可以去掉 synchronized 关键字运行进行比较
    @Override
    public synchronized void run() {
        for (int i = 0; i < 100; i++) {
            if (i % 10 == 0) {
                System.out.println(i);
            }
        }
    }
}
```

小　结

通过学习本章内容，我们学习了 Java 语言中多线程技术，线程的定义及使用，线程的状态及特点、多线程并行时的同步等，让我们有了编写执行效率更高的程序的能力。

思考题

一、填空题

1. 一个进程就是一个执行中的________，而每一个进程都有自己独立的一块________和________。

2. 同类的多个线程是________一块内存空间和一组系统资源，而线程本身的数据通常只有微处理器的寄存器数据，以及一个供程序执行时使用的堆栈。

3. Java 的线程是通过 Java 的软件包 java.lang 中定义的________类实现的。

4. 一个线程从创建到消亡的整个生命周期中，总是处于下面 5 个状态中的某个状态：________、________、________、________和________。

5. Java 使用________关键字控制对共享信息的并发访问，实现线程同步。

二、简答题

1. Java 为什么要引入线程机制？线程、进程和程序之间的关系是怎样的？

2. 创建线程的两种方法是什么？

3. 什么是死锁？

4. 多线程技术与进程技术相比有什么优越性？

三、编程题

1. 实现读者-写者问题的同步。问题描述如下：对共享资源的读 / 写操作；任一时刻写者最多只允许一个，而读者则允许多个；读和写不能同时进行，而多个读者同时读则是允许的。

2. 设有五位哲学家，共享一张放有五把椅子的桌子，每人分得一把椅子。但是，桌子上总共只有 5 支筷子，在每人两边各放一支。哲学家们在饥饿时才试图分两次从两边拾起筷子就餐。

（1）哲学家要有两支筷子才能就餐。

（2）如果筷子已在其他人手上，则该哲学家就要等到他人吃完后才拿筷子。

（3）任一哲学家在自己未拿到两支筷子吃饭之前，决不放下自己手中的筷子。

（4）最多 4 个人可以去拿其左边的筷子。

（5）拿齐 2 支筷子后才能进餐。

（6）奇数哲学家先拿左边筷子，偶数哲学家先拿右边的筷子。

要求至少有一位哲学家能吃到饭，也就是不要让哲学家们都吃不到饭，全部饿死。

第十二章 Java 数据库编程

现在的开发几乎所有的项目都是围绕着数据库展开的，很少会遇到没有数据库而独立存在的项目，所以任何一门编程语言要想发展，那么必须对数据的开发有所支持，同样，Java 从最初的时代开始就一直支持数据库的开发标准——JDBC（Java Database Connectivity、Java 数据库连接），JDBC 本质上来说并不属于一个技术，它属于一种服务。而所有服务的特征：必须按照指定的规则进行操作。

在 Java 中，为数据库开发提供了一个开发包（java.sql），在 JDBC 中核心的组成就是 DriverManager 类以及若干接口（Connection、Statement、PreparedStatement、ResultSet）。

第一节 使用 JDBC 访问数据库

Java 为操作不同的数据库提供了统一的接口，各数据库提供商自己实现 Java 提供的接口，形成不同的 jar 文件（又称数据库驱动程序），针对不同的数据库，要引用不同的数据库驱动模块才能正常访问。

数据库访问的一般步骤如下：

（1）加载数据库驱动程序。

（2）获取数据库连接。

（3）创建数据库访问对象。

（4）使用数据库访问对象完成操作（编辑或查询）。

（5）关闭数据库连接。

示例：（以 MySQL 数据库为例，需要添加驱动程序）

```
public class DbTest {
    //数据库驱动程序名称
    public static final String DB_DRIVER = "com.mysql.jdbc.Driver";
    //数据库连接字符串
    public static final String DB_URL = "jdbc:mysql://localhost:3306/ssm";
    //数据库用户
```

```
    public static final String DB_USERNAME = "root";
    //数据库密码
    public static final String DB_PASSWORD = "root";

    public static void main(String[] args) {
        try {
            //加载数据库驱动程序
            Class.forName(DB_DRIVER);
        } catch (ClassNotFoundException e) {
            System.out.println("数据库驱动程序错误! ");
        }

        //要执行的SQL语句
        String sql = "select * from book";

        Connection conn = null;
        Statement stmt = null;
        ResultSet rs = null;
        try {
            //获取数据库连接
            conn = DriverManager.getConnection(DB_URL, DB_USERNAME, DB_PASSWORD);
            //创建数据库访问对象
            stmt = conn.createStatement();
            //获取执行查询SQL语句之后的结果
            rs = stmt.executeQuery(sql);
            //遍历显示结果
            while (rs.next()) {
                System.out.println(rs.getInt("book_id") + " \t\t" +
rs.getString("name") + "\t\t" + rs.getInt("number"));
            }
        } catch (SQLException e) {
            System.out.println(e.getMessage());
        } finally {
            //关闭数据库连接
            if (conn != null) {
                try {
                    conn.close();
                } catch (SQLException e) {
                    e.printStackTrace();
                }
            }
        }
    }
}
```

注意：

（1）以上代码需要在项目中引用数据库驱动程序，推荐使用 mysql-connector-java-5.1.39-bin.jar。

（2）数据库连接对象使用完后，一定要关闭。

第二节 JDBC 各对象介绍

JDBC 常用的对象介绍如下：

（1）数据库驱动程序名称：由各数据库厂商提供，针对不同的数据库，其名称也不一样。以下是常见的数据库驱动：

① MySql：com.mysql.jdbc.Driver。

② SQL Server：com.microsoft.sqlserver.jdbc.SQLServerDriver。

③ Oracle：oracle.jdbc.driver.OracleDriver。

（2）数据库连接字符串：由各数据库厂商提供，针对不同的数据库，其名称也不一样。以下是常见的数据库连接字符串：

① MySql：jdbc:mysql://localhost:3306/ 数据库名称。

② SQL Server：jdbc:sqlserver://127.0.0.1:1433。

③ Oracle：jdbc:oracle:thin:@localhost:1521: 数据库实例。

（3）数据库连接接口 Connection：Connection 接口表示了与特定数据库的连接，通过调用 DriverManager 类的静态方法 getConnection 来获取，使用时需要导包，而且必须在程序结束的时候将其关闭。

（4）数据库访问对象：Statement 接口和 PreparedStatement 接口表示了要执行的 SQL 语句。

① Statement 对象由 Connection 对象的 createStatement 方法创建，只能执行不含参数的 SQL 语句。

② PreparedStatement 对象由 Connection 对象的 preparedStatement 方法创建，可以执行包含参数的 SQL 语句，因此，强烈推荐使用 PreparedStatement。

③无论 Statement 还是 PreparedStatement，都可以完成数据库常用的增加、删除、修改、查询四大操作。executeUpdate 方法完成增加、删除、修改操作，依据其返回的影响行数来判断执行结果，executeQuery 方法完成查询操作，其返回 ResultSet 接口对象。

（5）结果集接口 ResultSet：ResultSet 接口表示了数据库查询的结果，其本质是一张二维表，每一行都对应一条记录。ResultSet 提供了 getXXX(" 字段名 ") 方法来获取数据 (XXX 表示数据类型)。

（6）包含参数的 SQL 语句：包含了占位符 (?) 的 SQL 语句。如果不使用占位符，则在拼接 SQL 语句时容易出错（单引号和双引号匹配问题）。

示例：

```
String name = "李四";
// 一般的拼接 SQL 语句
String sql01 = "select * from book where name='" + name + " ' ";
// 包含占位符的 SQL 语句
String sql02 = "select * from book where name=?";
```

第三节　JDBC 常用的封装

虽然使用 JDBC 可以方便地访问数据库，进行数据库程序的开发，但在实际中，还是需要对 JDBC 进一步封装才能更加有效地访问数据库。原因如下：

（1）数据库连接对象的创建是很耗费时间的工作，创建完之后，就丢弃不用，等下次需要时再创建新的，这样做很浪费资源，同时效率不高，一般在开发中使用池技术来解决（使用数据库连接池，连接池中初始有一定数量的连接对象，当需要使用连接对象时，向连接池申请一个连接对象，使用完后，归还连接对象给连接池，当申请的连接对象个数大于连接池初始值时，连接池会自动增加连接对象，直到连接池的最大值）。

（2）与数据库交互，基本上就是两种操作：编辑操作和查询操作，唯一不同的是 SQL 语句，所以，可以把编辑操作和查询操作封装到一个工具类中，SQL 语句作为参数传入。

示例：

```
public class MySqlTest {
   public static void main(String[] args) {
      String sql01 = "select * from book where number > ?";
      String sql02 = "insert into book(name,number) values(?,?)";

      //连接池初始化
      MyConnectionPool.init();

      //调用工具类的查询方法查询数据并显示
      List<Map<String, Object>> list = DbUtils.query(sql01, new Object[] { 5 });
      showList(list);

      //调用工具类的编辑方法增加一条记录
      int count = DbUtils.execute(sql02, new Object[] { "Java编程思想", 8 });
      if (count > 0) {
         System.out.println("增加成功");
      }

      //再次调用工具类的查询方法查询数据并显示(多了一条记录)
      list = DbUtils.query(sql01, new Object[] { 5 });
      showList(list);

      //连接池关闭
      MyConnectionPool.release();
   }

   //显示查询结果
   private static void showList(List<Map<String, Object>> list) {
      StringBuffer sb = new StringBuffer();
      for (Map<String, Object> map : list) {
         Iterator<String> iterator = map.keySet().iterator();
         while (iterator.hasNext()) {
```

```
                String key = iterator.next();
                String value = String.valueOf(map.get(key));
                sb.append(key + ":" + value + ",");
            }
            sb.append("\r\n");
        }
        System.out.println(sb.toString());
    }
}


/**
 * 定义MyConnection类，仅包含了Connection接口和状态字段
 *
 */
class MyConnection {
    private Connection connection;
    private int state;

    public MyConnection(Connection connection, int state) {
        super();
        this.connection = connection;
        this.state = state;
    }

    public Connection getConnection() {
        return connection;
    }

    public void setConnection(Connection connection) {
        this.connection = connection;
    }

    public int getState() {
        return state;
    }

    public void setState(int state) {
        this.state = state;
    }
}


/**
 * 定义一个简单的连接池
 *
 */
class MyConnectionPool {
    // 数据库驱动程序名称
```

```
    public static final String DB_DRIVER = "com.mysql.jdbc.Driver";
    // 数据库连接字符串
    public static final String DB_URL = "jdbc:mysql://localhost:3306/ssm";
    // 数据库用户
    public static final String DB_USERNAME = "root";
    // 数据库密码
    public static final String DB_PASSWORD = "root";
    // 连接池容器
    private static List<MyConnection> list = new Vector<MyConnection>();
    // 初始值
    private static final int MIN = 3;
    // 最大值
    private static final int MAX = 10;
    // 当前使用的数量
    private static int used = 0;

    /**
     * 私有构造（不允许创建对象）
     */
    private MyConnectionPool() {
    }

    /**
     * 类初始化
     */
    public static void init() {
        // 初始化连接池
        for (int i = 0; i < MIN; i++) {
            Connection conn = createConnection();
            list.add(new MyConnection(conn, 0));
        }
    }

    /**
     * 创建连接对象
     *
     * @return
     */
    private synchronized static Connection createConnection() {
        Connection conn = null;
        try {
            // 加载数据库驱动程序
            Class.forName(DB_DRIVER);
            conn = DriverManager.getConnection(DB_URL, DB_USERNAME, DB_PASSWORD);
        } catch (ClassNotFoundException e) {
            System.out.println(" 数据库驱动程序错误！ ");
        } catch (SQLException e) {
            System.out.println(e.getMessage());
        }
```

```
        return conn;
    }

    /**
     * 获取连接对象
     *
     * @return
     */
    public synchronized static Connection getConnection() {
        Connection conn = null;
        //判断是否还有未使用的连接对象，如果没有，则创建并使用新的连接对象，同时将新创
建的加入连接池中
        if (used > MIN && used < MAX) {
            conn = createConnection();
            used++;
            list.add(new MyConnection(conn, 1));
            return conn;
        }

        for (MyConnection myConnection : list) {
            //判断是否已经被使用
            if (myConnection.getState() == 0) {
                //如果没有被使用，则设置使用标记，并返回
                conn = myConnection.getConnection();
                myConnection.setState(1);
                used++;
                break;
            }
        }
        return conn;
    }

    /**
     * 归还连接对象
     *
     * @param conn
     */
    public static void revert(Connection conn) {
        for (MyConnection myConnection : list) {
            //判断已经被使用并且是同一个对象（使用 == 进行比较）
            if (myConnection.getState() == 1 && myConnection.getConnection() == conn){
                //设置未使用标记，并返回
                myConnection.setState(0);
                used--;
                break;
            }
        }
    }
```

```
    /**
     * 关闭连接，释放资源
     */
    public static void release() {
        for (MyConnection myConnection : list) {
            Connection conn = myConnection.getConnection();
            if (conn != null) {
                try {
                    conn.close();
                } catch (SQLException e) {
                    System.out.println(e.getMessage());
                }
            }
        }
    }
}

/**
 * 定义一个数据库访问工具类
 *
 */
class DbUtils {
    /**
     * 执行增加、删除、修改的 SQL 语句
     *
     * @param sql
     * @param parameters
     * @return
     */
    public static int execute(String sql, Object[] parameters) {
        int count = 0;
        Connection conn = null;
        PreparedStatement ps = null;
        try {
            // 获取连接对象
            conn = MyConnectionPool.getConnection();
            if (conn == null) {
                System.out.println("获取连接失败");
                return count;
            }
            ps = conn.prepareStatement(sql);
            // 设置参数
            setParameters(ps, parameters);
            count = ps.executeUpdate();
        } catch (SQLException e) {
            System.out.println(e.getMessage());
        } finally {
            // 归还连接对象
            MyConnectionPool.revert(conn);
```

```
    }
    return count;
}

/**
 * 执行查询的 SQL 语句
 *
 * @param sql
 * @param parameters
 */
public static List<Map<String, Object>> query(String sql, Object[] parameters){
    List<Map<String, Object>> list = new ArrayList<Map<String, Object>>();
    Connection conn = null;
    PreparedStatement ps = null;
    ResultSet rs = null;
    try {
        //获取连接对象
        conn = MyConnectionPool.getConnection();
        if (conn == null) {
            System.out.println("获取连接失败");
            return null;
        }
        ps = conn.prepareStatement(sql);
        setParameters(ps, parameters);
        rs = ps.executeQuery();
        // 获取 ResultSet 元数据
        ResultSetMetaData rsmd = rs.getMetaData();
        while (rs.next()) {
            Map<String, Object> map = new HashMap<String, Object>();
            for (int i = 0; i < rsmd.getColumnCount(); i++) {
                //获取字段名
                String key = rsmd.getColumnName(i + 1);
                //获取字段值
                Object value = rs.getObject(i + 1);
                //把字段名和字段值以键值对方式存入 Map 集合中
                map.put(key, value);
            }
            //把 Map 对象保存到 List 集合中
            list.add(map);
        }
    } catch (SQLException e) {
        System.out.println(e.getMessage());
    } finally {
        // 归还连接对象
        MyConnectionPool.revert(conn);
    }
    return list;
}
```

```
    /**
     * 设置参数
     *
     * @param ps
     * @param parameters
     */
    private static void setParameters(PreparedStatement ps, Object[] parameters){
        if (parameters != null) {
            try {
                for (int i = 0; i < parameters.length; i++) {
                    ps.setObject(i + 1, parameters[i]);
                }
            } catch (SQLException e) {
                System.out.println(e.getMessage());
            }
        }
    }
}
```

小　结

通过学习本章内容，我们学习了 Java 语言中如何使用 JDBC 规范开发数据库程序，对 JDBC 提供的各种常用接口有了一个初步的认识，同时，明白了封装 JDBC 的意义，为我们开发数据库程序奠定了基础。

思考题

一、简答题

1. 什么是数据库系统？什么是关系数据库系统？目前主要有哪些关系数据库系统？

2. 什么是 SQL？与数据库前端操作的 SQL 语句主要有哪些？它们的功能如何？

3. JDBC 的主要功能是什么？它由哪些部分组成？JDBC 中驱动程序的主要功能是什么？简述 Java 程序中连接数据库的基本步骤。

4. 比较 JDBC-ODBC 驱动和 JDBC 驱动连接数据库的异同。

5. JDBC API 是什么？它主要由哪些部分组成，各有什么功能？举例说明。

二、编程题

1. 设计一个关系数据库（至少包括 3 个表），并在 SQL Server 环境中建立这个数据库。

2. 用上题所建立的数据库作后台，设计程序实现数据库的查询、修改、插入和删除。

第十三章 Java 网络编程

计算机之间的通信要经过一系列复杂的过程，计算机之间通过传输介质、通信设施和网络通信协议互联，实现资源共享和数据传输。而我们的网络编程就是使用程序使互联网的两个(或多个)计算机之间进行数据传输。当然 Java 语言，为了实现两个计算机之间的数据传输，提供了一系列网络类库，使得开发人员可以方便地进行网络连接和数据交换。

第一节　网络分层

20 世纪 60 年代计算机网络出现，经历了 20 世纪 70 年代、80 年代和 90 年代的发展，进入 21 世纪后，计算机网络已经成为信息社会的基础设施，深入人类社会的方方面面，与人们的工作、学习和生活息息相关。计算机网络的研究领域主要包括了网络体系结构和网络协议。

1. 网络体系结构

通过网络发送数据是一项复杂的操作，必须仔细地协调网络的物理特性以及所发送数据的逻辑特征。通过网络将数据从一台主机发送到另外的主机，这个过程是通过计算机网络通信完成的。

网络通信的不同方面被分解为多个层，层与层之间用接口连接。通信的双方在同等层次，层次实现的功能由协议数据单元（PDU）描述。不同系统中的同一层构成对等层，对等层之间通过对等层协议进行通信，理解彼此定义好的规则和约定。每一层表示为物理硬件（即线缆和电流）与所传输信息之间的不同抽象层次。在理论上，每一层只与紧挨其上和其下的层对话。将网络分层，可以修改甚至替换某一层的软件，只要层与层之间的接口保持不变，就不会影响到其他层。计算机网络层次模型如图 13-1 所示。

计算机网络体系结构是计算机网络层次和协议的集合，网络体系结构对计算机网络实现的功能，以及网络协议、层次、接口和服务进行了描述，但并不涉及具体的实现。接口是同一节点内相邻层之间交换信息的连接处，又称服务访问点（SAP）。

为了促进计算机网络的发展，国际标准化组织 ISO 在现有网络的基础上，提出了不基于具体机型、操作系统或公司的网络体系结构，称为开放系统互连参考模型 (OSI)。OSI 模型把网络通信的工作分为 7 层，分别是物理层、数据链路层、网络层、传输层、会话层、表示层和应用层。

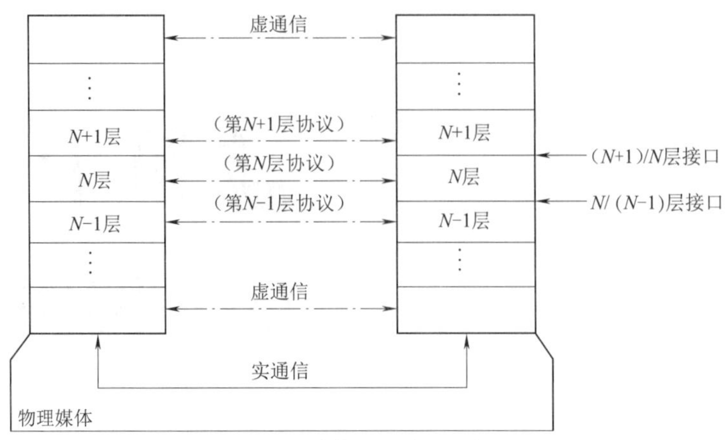

图 13-1　计算机网络层次模型

由于 ISO 制定的 OSI 参考模型达到了理论成功，然而市场化失败了，美国国防部制定的 TCP/IP 协议参考模型，简化了 OSI 参考模型，抢先于 OSI 参考模型在全球大范围成功运行。TCP/IP 协议比较简单，获得了广泛应用，并成为后续因特网实际使用的参考模型。OSI 与 TCP/IP 的比较如图 13-2 所示。

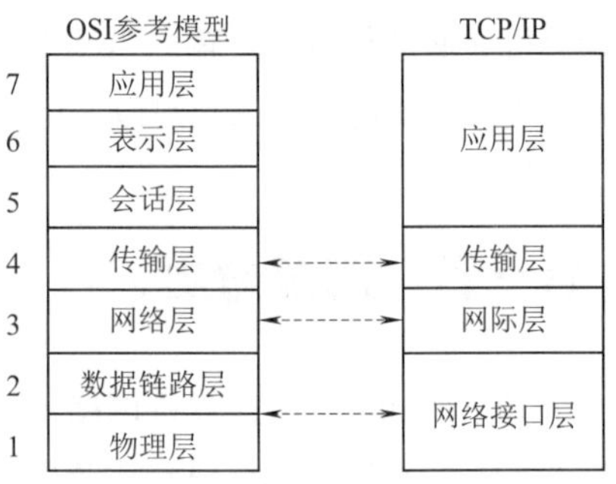

图 13-2　OSI 与 TCP/IP 比较

TCP/IP 协议是一个开放的网络协议簇，它的名字主要取自最重要的网络层 IP 协议和传输层 TCP 协议。TCP/IP 协议定义了电子设备如何连入因特网，以及数据如何在它们之间传输的标准。TCP/IP 参考模型采用 4 层的层级结构，每一层都使用它的低一层所提供的服务来完成自己的需求，这 4 个层次分别是：网络接口层、网络层（IP 层）、传输层（TCP 层）、应用层。

2. 网络协议

如同人与人之间相互交流需要遵循一定的规则（如语言）一样，计算机之间能够进行相互通信是因为它们都共同遵守一定的规则，即网络协议。OSI 模型和 TCP/IP 模型下的各种网络协议如图 13-3 所示。

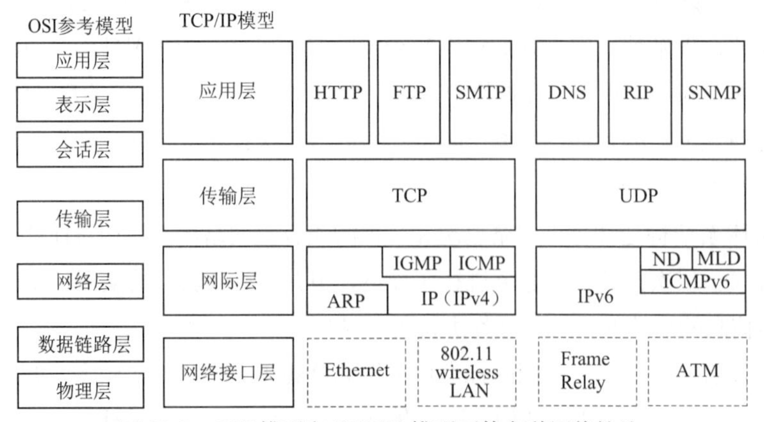

图 13-3　OSI 模型和 TCP/IP 模型下的各种网络协议

IP（Internet Protocol）协议：IP 协议的作用在于把各种数据包准确无误地传递给对方，其中两个重要的条件是IP地址和MAC地址。由于IP地址是稀有资源，不可能每个人都拥有一个IP地址，所以人们通常使用的 IP 地址是路由器生成的 IP 地址，路由器中会记录 MAC 地址。而 MAC 地址是全球唯一的。IP 地址多数采用的 IPv4 格式，IPv6 主要应用在政府机构和教育领域，已步入良性发展阶段。

TCP（Transmission Control Protocol）协议：TCP（传输控制协议）是面向连接的传输层协议。TCP 层是位于 IP 层之上、应用层之下的中间层。不同主机的应用层之间经常需要可靠的、像管道一样的连接，但是 IP 层不提供这样的流机制，而是提供不可靠的包交换。TCP 协议采用字节流传输数据。

（1）TCP 是需要连接的协议。

（2）连接时的三次握手：

①第一次握手（客户端发送请求）：客户机发送连接请求报文段到服务器，并进入 SYN_SENT 状态，等待服务器确认。

②第二次握手（服务器端回传确认）：服务器收到客户端连接请求报文，如果同意建立连接，向客户机发回确认报文段（ACK）应答，并为该 TCP 连接分配 TCP 缓存和变量。

③第三次握手（客户端回传确认）：客户端收到服务器的确认报文段后，向服务器给出确认报文段（ACK），并且也要给该连接分配缓存和变量。此包发送完毕，客户端和服务器进入 ESTABLISHED（TCP 连接成功）状态，完成三次握手。

注意：握手过程中传送的包中不包含数据，三次握手完毕后，客户端与服务器才正式开始传送数据。

（3）断开时的四次挥手：由于 TCP 连接是全双工的，因此每个方向都必须单独进行关闭。这个原则是当一方完成它的数据发送任务后就能发送一个 FIN 报文来终止这个方向的连接。收到一个 FIN 报文只意味着这一方向上没有数据流动，一个 TCP 连接在收到一个 FIN 报文后仍能发送数据。首先进行关闭的一方将执行主动关闭，而另一方执行被动关闭。

① TCP 客户端发送一个 FIN 报文，用来关闭客户端到服务器端的数据传送，客户端进入 FIN_WAIT_1 状态。

②服务器端收到这个 FIN 报文，它发回一个 ACK 给客户端，确认序号为收到的序号加 1。服务端进入 CLOSE_WAIT 状态。

③服务器端关闭客户端的连接后，发送一个 FIN 报文给客户端，服务器端进入 LAST_ACK 状态。

④客户端收到 FIN 报文后，客户端进入 TIME_WAIT 状态，接着发回一个 ACK 报文给服务器端确认，并将确认序号设置为收到序号加 1，服务器端进入 CLOSED 状态，完成四次挥手。

因为当服务器端收到客户端的 SYN 连接请求报文后，可以直接发送 SYN+ACK 报文。其中 ACK 报文是用来应答的，SYN 报文是用来同步的。但是关闭连接时，当服务器端收到 FIN 报文时，很可能并不会立即关闭 socket，所以只能先回复一个 ACK 报文，告诉客户端，“你发的 FIN 报文，我收到了”。只有等到服务端所有的报文都发送完了，才能发送 FIN 报文，因此不能一起发送，故需要四次挥手。

UDP（User Datagram Protocol）协议：用户数据报协议，它是 TCP/IP 协议簇中无连接的运输层协议。传输数据之前，源端和终端不建立连接，当它想传送时就简单地去抓取来自应用程序的数据，并尽可能快地把它扔到网络上。在发送端，UDP 传送数据的速度仅仅是受应用程序生成数据的速度、计算机的能力和传输带宽的限制；在接收端，UDP 把每个消息段放在队列中，应用程序每次从队列中读一个消息段。由于传输数据不建立连接，因此也就不需要维护连接状态，包括收发状态等，因此一台服务器可同时向多个客户端传输相同的消息。

TCP 与 UDP 的区别：

（1）TCP 基于连接，UDP 是无连接的。

（2）对系统资源的要求，TCP 较多，UDP 较少。

（3）UDP 程序结构较简单。

（4）TCP 是流模式，而 UDP 是数据报模式。

（5）TCP 保证数据可靠传输，而 UDP 可能丢包；TCP 保证数据顺序，而 UDP 不保证。

（6）TCP 适合传送重要数据（如文件等），UDP 适合传送非重要的数据（如声音、图像等）。

第二节　Java 中的 Socket

Java 的网络编程主要涉及的内容是 Socket 编程。Socket，即套接字，就是两台主机之间逻辑连接的端点。Socket 是通信的基石，是支持 TCP/IP 协议的网络通信的基本操作单元。它是网络通信过程中端点的抽象表示，包含进行网络通信必须的五种信息：连接使用的协议、本地主机的 IP 地址、本地进程的协议端口、远程主机的 IP 地址、远程进程的协议端口。

使用 TCP 协议的编程模型：

TCP 编程主要涉及客户端和服务器端两个方面，首先是在服务器端创建一个服务器套接字（ServerSocket），并把它附加到一个端口上，服务器从这个端口监听连接。端口号的范围是 0~65 536，但是 0~1 024 是为特权服务保留的端口号，用户可以选择任意一个当前没有被其他进程使用的端口。

客户端请求与服务器端进行连接的时候，根据服务器的域名或者 IP 地址，加上端口号，打开一个套接字。当服务器端接受连接后，服务器端和客户端之间的通信就像输入 / 输出流一样进行操作。图 13-4 所示为 TCP 编程模型。

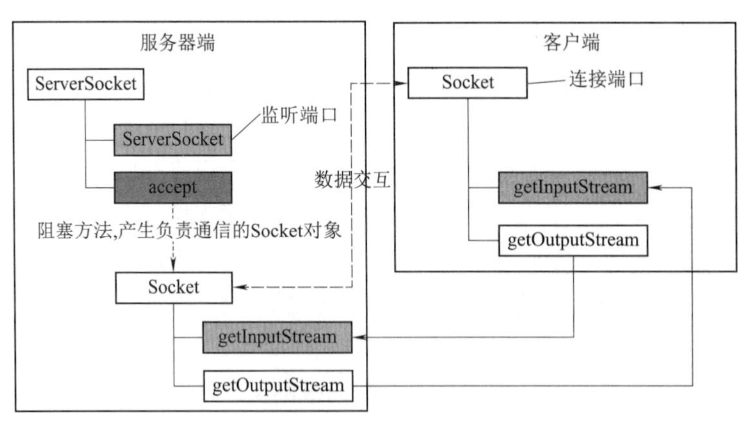

图 13-4　TCP 编程模型

示例：(服务器端代码，要求服务器端先启动)

```
public class MyServer {
    public static void main(String[] args) throws IOException {
        //设置服务器端口号
        int port = 7000;
        //服务器套接字对象
        ServerSocket serverSocket = new ServerSocket(port);
        System.out.println("服务器启动，正在监听 [" + port + "] 端口 ");
        //接受客户端请求，并创建与客户端交互的套接字对象
        Socket socket = serverSocket.accept();
        System.out.println("连接创建成功 ");
        //创建读取客户端的流对象
        DataInputStream dis = new DataInputStream(new BufferedInputStream(socket.
getInputStream()));
        //创建写入客户端的流对象
        DataOutputStream dos = new DataOutputStream(new BufferedOutputStream(socket.
getOutputStream()));

        do {
            //读取从客户端发来的数据
            double radius = dis.readDouble();
            System.out.println("从客户端获取的半径: " + radius);
            //计算面积
            double area = Math.pow(radius, 2) * Math.PI;
            //写入客户端
            dos.writeDouble(area);
            //清空缓存
            dos.flush();
        } while (dis.readInt() != 0);

        //关闭与客户端交互的套接字
        socket.close();
        System.out.println("连接断开 ");

        //关闭服务器端的套接字
        serverSocket.close();
        System.out.println("服务器端监听关闭 ");
    }
}
```

示例：(客户端代码)

```
public class MyClient {
    public static void main(String[] args) throws UnknownHostException, IOException {
        int serverPort = 7000;
        String serverAddr = "127.0.0.1";

        //创建一个套接字，并设置其连接到服务器
        Socket socket = new Socket(serverAddr, serverPort);
        //创建读取服务器端的流对象
        DataInputStream dis = new DataInputStream(new BufferedInputStream(socket.
getInputStream()));
```

```
        // 创建写入服务器端的流对象
        DataOutputStream dos = new DataOutputStream(new BufferedOutputStream(socket.
getOutputStream()));

        Scanner scanner = new Scanner(System.in);
        System.out.println("请输入圆的半径: ");
        double radius = scanner.nextDouble();

        // 写入流对象
        dos.writeDouble(radius);
        // 清空缓存
        dos.flush();

        // 使用流对象读取服务器端发来的计算结果
        double area = dis.readDouble();
        System.out.println("经服务器计算,圆的面积是: " + area);

        // 写入流对象,以便服务器端正常关闭
        dos.writeInt(0);
        dos.flush();

        socket.close();
        System.out.println("连接断开");
    }
}
```

服务器端和客户端的运行结果如图 13-5 所示。

```
服务器启动，正在监听[7000]端口
连接创建成功
从客户端获取的半径：10.0
连接断开
服务端监听关闭
```

```
请输入圆的半径：
10
经服务器计算，圆的面积是：314.159
连接断开
```

图 13-5 服务器端和客户端的运行结果

可以配合多线程技术、序列化和反序列化技术完成一个简单的聊天室功能。

示例：(聊天消息类)

```
public class ChatMessage implements Serializable {
    private static final long serialVersionUID = 1L;
    private String ip;
    private String nick;
    private String sendTime;
    private String message;
    private boolean read;

    public String getIp() {
        return ip;
    }

    public void setIp(String ip) {
        this.ip = ip;
    }
```

```
    public String getNick() {
        return nick;
    }

    public void setNick(String nick) {
        this.nick = nick;
    }

    public String getSendTime() {
        return sendTime;
    }

    public void setSendTime(String sendTime) {
        this.sendTime = sendTime;
    }

    public String getMessage() {
        return message;
    }

    public void setMessage(String message) {
        this.message = message;
    }

    public boolean isRead() {
        return read;
    }

    public void setRead(boolean read) {
        this.read = read;
    }
}
```

示例：(服务器代码)

```
public class ChatServer {
    public static void main(String[] args) throws IOException, InterruptedException {
        ChatServer chatServer = new ChatServer();
        chatServer.start();

        while (true) {
            chatServer.accept();
            Thread.sleep(100);
        }
        //chatServer.close();
    }

    private int port = 7000;
    private ServerSocket serverSocket = null;
    private List<ChatMessage> chatMessageList = new Vector<ChatMessage>();
    private SimpleDateFormat sdf = new SimpleDateFormat("yyyy-MM-dd HH:mm:ss");
```

```
        public void start() throws IOException {
            this.serverSocket = new ServerSocket(this.port);
            System.out.println("服务器启动，正在监听 [" + port + "] 端口 ...");
        }

        public void accept() throws IOException {
            //服务器端启动一个线程来处理与客户端的交互
            Thread thread = new Thread(new Runnable() {
                @Override
                public void run() {
                    Socket socket;
                    try {
                        //接收客户端请求
                        socket = serverSocket.accept();
                        boolean first = true;
                        String nick = null;

                        while (true) {
                            //反序列化客户端发来的信息
                            ObjectInputStream ois = new ObjectInputStream(socket.
getInputStream());
                            ChatMessage chatMessage = (ChatMessage) ois.readObject();
                            if (chatMessage != null) {
                                //如果是第一次，加入欢迎语
                                if (first) {
                                    nick = chatMessage.getNick();
                                    welcome(nick);
                                    first = false;
                                }

                                //加入到客户端信息集合
                                chatMessageList.add(chatMessage);
                            }

                            //显示所有客户端信息
                            showMessage();

                            //将所有客户端信息序列化后发送给某一个客户端
                            ObjectOutputStream oos = new ObjectOutputStream(socket.
getOutputStream());
                            oos.writeObject(chatMessageList);

                            //当客户端的信息为【bye】，表示离开
                            if (chatMessage.getMessage().equalsIgnoreCase("bye")) {
                                //加入离开信息
                                left(nick);
                                break;
                            }
                        }

                        //关闭与客户端交互的socket
```

```
                socket.close();
            } catch (IOException e) {
                e.printStackTrace();
            } catch (ClassNotFoundException e) {
                e.printStackTrace();
            }
        }
    });
    thread.start();
}

public synchronized void welcome(String nick) {
    ChatMessage chatMessage = new ChatMessage();
    chatMessage.setIp("127.0.0.1");
    chatMessage.setNick("服务器");
    chatMessage.setSendTime(sdf.format(new Date()));
    chatMessage.setMessage("欢迎" + nick + "加入聊天室");
    chatMessageList.add(chatMessage);
}

public synchronized void left(String nick) {
    ChatMessage chatMessage = new ChatMessage();
    chatMessage.setIp("127.0.0.1");
    chatMessage.setNick("服务器");
    chatMessage.setSendTime(sdf.format(new Date()));
    chatMessage.setMessage(nick + "离开了聊天室");
    chatMessageList.add(chatMessage);
}

public synchronized void addChatMessage(ChatMessage chatMessage) {
    chatMessageList.add(chatMessage);
}

public synchronized void showMessage() {
    for (int i = 0; i < chatMessageList.size(); i++) {
        ChatMessage chatMessage = chatMessageList.get(i);
        System.out.println("[" + chatMessage.getNick() + " " + chatMessage.
getSendTime() + "]: " + chatMessage.getMessage());
    }
    System.out.println("--------------------------------");
}
}
```

示例：(客户端代码)

```
public class ChatClient {

    public static void main(String[] args) throws UnknownHostException,
IOException, ClassNotFoundException {
        String serverIp = "127.0.0.1";
        int serverPort = 7000;
        Socket socket = new Socket(serverIp, serverPort);
```

```
        ChatClient client = new ChatClient("127.0.0.1", "Benben", socket);

        Scanner scanner = new Scanner(System.in);
        List<ChatMessage> chatMessages = null;
        while (true) {
            System.out.println("请输入内容: ");
            String message = scanner.nextLine();

            //发送消息
            client.sendMessage(message);
            //获取服务器的消息
            chatMessages = client.readMessage();
            //显示消息
            client.showMessage(chatMessages);

            //如果输入【bye】，表示离开，与服务器匹配
            if ("bye".equalsIgnoreCase(message)) {
                break;
            }
        }
        socket.close();
    }

    private ChatMessage chatMessage = new ChatMessage();
    private Socket socket;
    private SimpleDateFormat sdf = new SimpleDateFormat("yyyy-MM-dd HH:mm:ss");

    public ChatClient(String ip, String nick, Socket socket) {
        this.chatMessage.setIp(ip);
        this.chatMessage.setNick(nick);
        this.socket = socket;
    }

    public void sendMessage(String message) throws IOException {
        this.chatMessage.setSendTime(sdf.format(new Date()));
        this.chatMessage.setMessage(message);
        //发送消息只是简单的序列化对象(ChatMessage类实现了Serializable接口)
        ObjectOutputStream oos = new ObjectOutputStream(this.socket.
getOutputStream());
        oos.writeObject(this.chatMessage);
    }

    public List<ChatMessage> readMessage() throws IOException,
ClassNotFoundException {
        ObjectInputStream ois = new ObjectInputStream(this.socket.
getInputStream());

        List<ChatMessage> chatMessages = (List<ChatMessage>) ois.readObject();
        return chatMessages;
    }
```

```
    public void showMessage(List<ChatMessage> chatMessages) {
        if (chatMessages != null) {
            for (int i = 0; i < chatMessages.size(); i++) {
                ChatMessage chatMessage = chatMessages.get(i);
                System.out.println("["chatMessage.getNick() + " " +  chatMessage.
getSendTime() + "]: " + chatMessage.getMessage());
            }
        }
    }
}
```

服务器端的界面如图 13-6 所示，在线用户的界面如图 13-7 所示，离线用户的界面如图 13-8 所示。

```
[服务器 2020-02-14 20:10:38]：欢迎Cherry加入聊天室
[Cherry 2020-02-14 20:10:38]：Hello
[Cherry 2020-02-14 20:10:50]：I'm Cherry
[Cherry 2020-02-14 20:11:02]：I from USA
[服务器 2020-02-14 20:11:40]：欢迎Benben加入聊天室
[Benben 2020-02-14 20:11:40]：嗨，大家好
[Benben 2020-02-14 20:11:52]：我来自北京
[Benben 2020-02-14 20:12:02]：大家都在做什么？
[Benben 2020-02-14 20:12:15]：都在潜水吗？
[Benben 2020-02-14 20:12:25]：不好玩，走了
[Benben 2020-02-14 20:12:30]：bye
[服务器 2020-02-14 20:12:30]：Benben离开了聊天室
[Cherry 2020-02-14 20:13:00]：Who can answer me?
```

图 13-6 服务器端的界面

```
请输入内容：
Who can answer me?
[服务器 2020-02-14 20:10:38]：欢迎Cherry加入聊天室
[Cherry 2020-02-14 20:10:38]：Hello
[Cherry 2020-02-14 20:10:50]：I'm Cherry
[Cherry 2020-02-14 20:11:02]：I from USA
[服务器 2020-02-14 20:11:40]：欢迎Benben加入聊天室
[Benben 2020-02-14 20:11:40]：嗨，大家好
[Benben 2020-02-14 20:11:52]：我来自北京
[Benben 2020-02-14 20:12:02]：大家都在做什么？
[Benben 2020-02-14 20:12:15]：都在潜水吗？
[Benben 2020-02-14 20:12:25]：不好玩，走了
[Benben 2020-02-14 20:12:30]：bye
[服务器 2020-02-14 20:12:30]：Benben离开了聊天室
[Cherry 2020-02-14 20:13:00]：Who can answer me?
请输入内容：
```

图 13-7 在线用户的界面

```
请输入内容：
bye
[服务器 2020-02-14 20:10:38]：欢迎Cherry加入聊天室
[Cherry 2020-02-14 20:10:38]：Hello
[Cherry 2020-02-14 20:10:50]：I'm Cherry
[Cherry 2020-02-14 20:11:02]：I from USA
[服务器 2020-02-14 20:11:40]：欢迎Benben加入聊天室
[Benben 2020-02-14 20:11:40]：嗨，大家好
[Benben 2020-02-14 20:11:52]：我来自北京
[Benben 2020-02-14 20:12:02]：大家都在做什么？
[Benben 2020-02-14 20:12:15]：都在潜水吗？
[Benben 2020-02-14 20:12:25]：不好玩，走了
[Benben 2020-02-14 20:12:30]：bye
```

图 13-8 离线用户的界面

使用 UDP 编程模型：

UDP 是面向非连接的，因此主要分为发送端和接收端两部分。分别如下：

发送端：

（1）创建发送端 socket 对象。

（2）创建数据并把数据打包。

（3）调用 socket 对象的发送方法发送数据包。

（4）释放资源。

接收端：

（1）创建发送端 socket 对象（需要指定端口）。

（2）创建一个数据包（接收容器）。

（3）调用 socket 对象的接收方法接收数据。

（4）解析数据并显示在控制台。

（5）释放资源。

示例：(发送端)

```
public class UdpSend {
    public static void main(String[] args) throws IOException {
        String ip = "127.0.0.1";
        int port = 12345;

        //创建一个 socket 对象
        DatagramSocket socket = new DatagramSocket();
        Scanner scanner = new Scanner(System.in);
        System.out.println("请输入要发送的内容: ");
        String text = scanner.nextLine();
        byte[] bytes = text.getBytes();

        //创建数据并打包
        InetAddress iNetAddress = InetAddress.getByName(ip);
        DatagramPacket packet = new DatagramPacket(bytes, bytes.length,
iNetAddress, port);

        //发送数据
        socket.send(packet);

        //释放资源
        socket.close();
    }
}
```

示例：(接收端)

```
public class UdpReceive {
    public static void main(String[] args) throws IOException {
        int port = 12345;
        //创建接收端的 socket 对象
        DatagramSocket socket = new DatagramSocket(port);

        //创建一个包裹
        byte[] bytes = new byte[1024];
        DatagramPacket packet = new DatagramPacket(bytes, bytes.length);

        //接收数据
        socket.receive(packet);

        //解析数据
        String ip = packet.getAddress().getHostAddress();
        String text = new String(packet.getData(), 0, packet.getLength());
        System.out.println("收到的数据是: " + text);

        //释放资源
```

```
            socket.close();
        }
    }
```

UDP 程序运行结果如图 13-9 所示。

请输入要发送的内容： Hello，UDP！	收到的数据是：Hello，UDP！

图 13-9 UDP 程序运行结果

小 结

通过学习本章内容，我们了解了基本的网络知识，同时学习了 Java 语言中的 Socket 编程。

思考题

一、填空题

1. 在 TCP/IP 协议的传输层除了 TCP 协议之外还有一个________协议。几个标准的应用层协议 HTTP、FTP、SMTP……使用的都是________协议。________协议主要用于需要很强的实时交互性的场合，如________、视频会议等。

2. 当我们得到一个 URL 对象后，就可以通过它读取指定的 WWW 资源。这时我们将使用 URL 的方法________，其定义为________。

3. URL 的构造方法都声明抛出非运行时异常________，因此生成 URL 对象时，我们必须要对这一例外进行处理，通常是用________语句进行捕获。

4. 一个________对象，可以执行多个 SQL 语句后，批量更新。这多个语句可以是________、________、________等或兼有。

5. Java 数据库操作基本流程：________、________、________、________。

二、简答题

1. 对于建立功能齐全的 socket，其工作过程包含哪四个基本的步骤？

2. 简述基于 TCP 及 UDP 套接字通信的主要区别。

三、编程题

1. 编写 Java 程序，访问 http://www.tirc1.cs.tsinghua.edu.cn 所在的主页文件。

2. 从键盘上输入主机名称，编写类似 ping 的程序，测试连接效果。

3. 设服务器端程序监听端口为 8629，当收到客户端信息后，首先判断是否是“BYE”，若是，则立即向对方发送“BYE”，然后关闭监听，结束程序。若不是，则在屏幕上输出收到的信息，并由键盘上输入发送到对方的应答信息。编写程序完成此功能。

第十四章 Java 高级技术

在 Java 开发中，还有一些技术需要掌握，这些技术包括反射、泛型和序列化，掌握它们，是迈向高级技术人才的必备基础。

第一节　反射

Java 的反射（reflection）机制是指在程序的运行状态中，可以构造任意一个类的对象，可以了解任意一个对象所属的类，可以知道任意一个类的成员变量和方法，可以调用任意一个对象的属性和方法。这种动态获取程序信息以及动态调用对象的功能称为 Java 语言的反射机制。

换句话说，Java 程序可以加载一个运行时才得知名称的 class，获悉其完整构造（但不包括 methods 定义），并生成其对象实体，或对其 fields 设值，或唤起其 methods。

Java 在将 .class 字节码文件载入时，JVM 将产生一个 java.lang.class 对象代表该 .class 字节码文件，从该 Class 对象中可以获得类的许多基本信息，这就是反射机制。

反射机制所需的类主要有 java.lang 包中的 Class 类和 java.lang.reflect 包中的 Constructor 类、Field 类、Method 类和 Parameter 类。Class 类是一个比较特殊的类，它是反射机制的基础，Class 类的对象表示正在运行的 Java 程序中的类或接口，也就是任何一个类被加载时，即将类的 .class 文件（字节码文件）读入内存的同时，都自动为之创建一个 java.lang.Class 对象。Class 类没有公共构造方法，其对象是 JVM 在加载类时通过调用类加载器中的 defineClass() 方法创建的，因此不能显式地创建一个 Class 对象。通过这个 Class 对象，才可以获得该对象的其他信息。

通过 getFields() 和 getMethods() 方法获得权限为 public 成员变量和成员方法时，还包括从父类继承得到的成员变量和成员方法；而通过 getDeclaredFields() 和 getDeclaredMethods() 方法只是获得在本类中定义的所有成员变量和成员方法。

每个类被加载之后，系统都会为该类生成一个对应的 Class 对象，通过 Class 对象就可以访问到 JVM 中该类的信息，一旦类被加载到 JVM 中，同一个类将不会被再次载入。被载入 JVM 的类都有一个唯一标识，即该类的全名，包括包名和类名。在 Java 中，程序获得 Class 对象有如下 3 种方式：

（1）使用 Class 类的静态方法 forName(String className)，其中参数 className 表示所需类的全名。另外，forName() 方法声明抛出 ClassNotFoundException 异常，因此调用该方法时必须捕获或抛出该异常。

（2）用类名调用该类的 class 属性来获得该类对应的 Class 对象，即“类名 .class”。

（3）用对象调用 getClass() 方法来获得该类对应的 Class 对象，即“对象 .getClass()”。

尽管反射机制带来了极大的灵活性及方便性，但反射也有缺点。反射机制的功能非常强大，但不能滥用。在能不使用反射完成时，尽量不要使用，原因有以下几点：

（1）性能问题：Java 反射机制中包含了一些动态类型，所以 Java 虚拟机不能够对这些动态代码进行优化。因此，反射操作的效率要比正常操作效率低很多。用户应该避免在对性能要求很高的程序或经常被执行的代码中使用反射。

（2）安全限制：使用反射通常需要程序的运行没有安全方面的限制。如果一个程序对安全性提出要求，则最好不要使用反射。

（3）程序健壮性：反射允许代码执行一些通常不被允许的操作，所以使用反射有可能会导致意想不到的后果。反射代码破坏了 Java 程序结构的抽象性，所以当程序运行的平台发生变化的时候，由于抽象的逻辑结构不能被识别，代码产生的效果与之前会产生差异。

反射也是很多 Java 应用程序框架的基础（如 Struts、Spring 等），通过反射和接口，可以动态地加载用户自定义的实现既定接口的类，进而在框架运行中自动调用用户自定义的类而完成相应的功能。这也是称为框架的原因（框架就是完成基础功能的半成品程序）。

示例：(接口）

```
package com.benben;

public interface CanWork {
   String work(String name);
}
```

示例：(实现类）

```
package com.benben;

public class MyWork implements CanWork {
   private static int count = 0;
   private String name;
   private int age;

   public String getName() {
      return name;
   }

   public void setName(String name) {
      this.name = name;
   }

   public int getAge() {
```

```
        return age;
    }

    public void setAge(int age) {
        this.age = age;
    }

    public MyWork() {
        count++;
    }

    public MyWork(String name) {
        count++;
        this.name = name;
    }

    public MyWork(String name, int age) {
        count++;
        this.name = name;
        this.age = age;
    }

    public String intro() {
        return "我叫" + this.name + ", 已经" + this.age + "岁了。";
    }

    public static int getInstanceCount() {
        return count;
    }

    private int add(int a, int b) {
        return a + b;
    }

    @Override
    public String toString() {
        return "name:" + this.name + ",age:" + this.age;
    }

    @Override
    public String work(String name) {
        return "我是" + name + ", 我正在工作...";
    }
}
```

示例：(测试类，很重要)

```
public class TestWork {

    public static void main(String[] args) {
```

```
//指定要加载的类的名称(以后可以将类名称保存在配置文件或数据库中)
String className = "com.benben.MyWork";
Class<?> clazz = null;

try {
    //依据类名称动态地加载类
    clazz = Class.forName(className);
} catch (ClassNotFoundException e) {
    System.out.println("要加载的类 [" + className + "] 不存在。");
}

if (clazz != null) {
    //获取类实现的接口数组
    Type[] types = clazz.getGenericInterfaces();
    boolean find = false;
    for (Type type : types) {
        //和目标接口进行比较
        if (type == CanWork.class) {
            find = true;
            break;
        }
    }

    //如果找到了,说明该类实现了目标接口
    if (find) {
        try {
            //把该类的实例对象转换成接口
            //newInstance()要求类必须有无参数的构造方法
            CanWork canWork = (CanWork) clazz.newInstance();
            //调用接口的方法
            String result = canWork.work("笨笨");
            System.out.println("调用结果是: " + result);
        } catch (InstantiationException e) {
            System.out.println("无法创建实例对象。");
        } catch (IllegalAccessException e) {
            System.out.println("拒绝访问。");
        }
    }

    //显示类的信息
    showClassInfo(clazz);

    //按方法名调用
    System.out.println("******************************");
    System.out.println("调用类的私有方法: add");
    System.out.println("******************************");
    String methodName = "add";
    Class<?>[] parameterTypes = { int.class, int.class };
    Method method = null;
```

```
        try {
            // 按方法名和方法的参数查找方法
            method = clazz.getDeclaredMethod(methodName, parameterTypes);
            if (method != null) {
                // 设置可以访问私有方法(不设置则无法访问)
                method.setAccessible(true);

                // 创建类的实例(要求类必须有无参数的构造方法)
                Object instance = clazz.newInstance();
                // 创建传入方法中的实际参数数组
                Object[] actualParamaters = { 10, 20 };
                // 传入类的实例和实际参数调用方法并返回结果
                Object result = method.invoke(instance, actualParamaters);
                System.out.println("调用 add(10,20) 的结果是: " + result);
            }
        } catch (NoSuchMethodException e) {
            System.out.println("找不到方法 [" + methodName + "]");
        } catch (SecurityException e) {
            System.out.println("安全异常。");
        } catch (InstantiationException e) {
            System.out.println("无法创建实例对象。");
        } catch (IllegalAccessException e) {
            System.out.println("拒绝访问。");
        } catch (IllegalArgumentException e) {
            System.out.println("非法的参数。");
        } catch (InvocationTargetException e) {
            System.out.println("调用目标异常。");
        }
    }
}

/**
 * 显示类全部信息的方法
 *
 * @param clazz
 */
private static void showClassInfo(Class<?> clazz) {
    Field[] fields = clazz.getDeclaredFields();
    Method[] methods = clazz.getDeclaredMethods();
    Constructor[] constructors = clazz.getDeclaredConstructors();

    showClassGenericInfo(clazz);
    showFieldInfo(fields);
    showMethodInfo(methods);
    showConstructorInfo(constructors);
}

/**
 * 显示类实现信息的方法
```

```
     *
     * @param clazz
     */
    private static void showClassGenericInfo(Class<?> clazz) {
       StringBuffer buffer = new StringBuffer();
       String className = clazz.getName();
       Type type = clazz.getGenericSuperclass();
       Type[] types = clazz.getGenericInterfaces();
       buffer.append(className);
       if (type != null) {
          buffer.append(" extends " + type.getTypeName());
       }
       if (types != null && types.length > 0) {
          buffer.append(" implements ");
          for (Type typeItem : types) {
             buffer.append(typeItem.getTypeName() + ",");
          }
          buffer.deleteCharAt(buffer.length() - 1);
       }
       System.out.println("===============================");
       System.out.println("类的实现: ");
       System.out.println("===============================");
       System.out.println(buffer.toString());
    }

    /**
     * 显示所有字段的方法
     *
     * @param fields
     */
    private static void showFieldInfo(Field[] fields) {
       if (fields != null && fields.length > 0) {
          System.out.println("===============================");
          System.out.println("类中的字段列表: ");
          System.out.println("===============================");
          for (Field field : fields) {
             String modifiers = Modifier.toString(field.getModifiers());
             String dataTypeName = field.getType().getSimpleName();
             String name = field.getName();

             System.out.println(modifiers + " " + dataTypeName + " " + name);
          }
       }
    }

    /**
     * 显示所有方法的方法
     *
     * @param methods
```

```
     */
    private static void showMethodInfo(Method[] methods) {
        if (methods != null && methods.length > 0) {
            System.out.println("================================");
            System.out.println("类中的方法列表：");
            System.out.println("================================");
            for (Method method : methods) {
                StringBuffer buffer = new StringBuffer();
                String modifiers = Modifier.toString(method.getModifiers());
                String returnDataTypeName = method.getReturnType().getSimpleName();
                String name = method.getName();
                buffer.append(modifiers + " " + returnDataTypeName + " " + name);
                buffer.append("(");
                Parameter[] parameters = method.getParameters();
                buildParameter(buffer, parameters);
                buffer.append(")");

                System.out.println(buffer.toString());
            }
        }
    }

    /**
     * 显示所有构造方法的方法
     *
     * @param constructors
     */
    private static void showConstructorInfo(Constructor[] constructors) {
        if (constructors != null && constructors.length > 0) {
            System.out.println("================================");
            System.out.println("类中的构造方法列表：");
            System.out.println("================================");
            for (Constructor constructor : constructors) {
                StringBuffer buffer = new StringBuffer();
                String modifiers = Modifier.toString(constructor.getModifiers());
                String name = constructor.getName();
                buffer.append(modifiers + " " + name);
                buffer.append("(");
                Parameter[] parameters = constructor.getParameters();
                buildParameter(buffer, parameters);
                buffer.append(")");

                System.out.println(buffer.toString());
            }
        }
    }

    /**
     * 构建参数的方法
```

```
     *
     * @param buffer
     * @param parameters
     */
    private static void buildParameter(StringBuffer buffer, Parameter[] parameters) {
        if (parameters != null && parameters.length > 0) {
            for (Parameter parameter : parameters) {
                String parameterDataTypeName = parameter.getType().getSimpleName();
                String parameterName = parameter.getName();
                buffer.append(parameterDataTypeName + " " + parameterName + ",");
            }
            buffer.deleteCharAt(buffer.length() - 1);
        }
    }
}
```

第二节　泛型

泛型的本质是参数化类型。也就是说，泛型就是将所操作的数据类型作为参数的一种语法。例如 Pay<T>，T 就是一个作为类型的参数在 Pay 被实例化时传入，如 Pay<Wx>，此时，T 被实例化为 Wx。

泛型是在 JDK 1.5 版本引入的，泛型的作用：

（1）使用泛型可以写出更加灵活通用的代码：泛型的设计主要参照了 C++ 的模板，旨在能让人写出更加通用化、更加灵活的代码。模板 / 泛型代码，就好像做雕塑时的模板，有了模板，需要生产的时候就只管向里面注入具体的材料即可，不同的材料可以产生不同的效果，这便是泛型最初的设计宗旨。

（2）泛型将代码安全性检查提前到编译期：泛型被加入 Java 语法中，还有一个最大的原因：解决容器的类型安全，使用泛型后，能让编译器在编译时借助传入的类型参数检查对容器的插入，获取操作是否合法，从而将运行时 ClassCastException 转移到编译时。

（3）泛型能够省去强制转换：在 JDK1.5 之前，Java 容器都是通过将类型向上转型为 Object 类型实现的，因此在从容器中取出来时需要手动强制转换。

泛型中应注意的几个问题：

（1）协变：是用一个窄类型替换宽类型，类似自动转换或向上转型。

（2）逆变：是用一个宽类型替换窄类型，类似强制转换或向下转型。

（3）Java 的泛型既不支持协变，也不支持逆变，是不变的，但是，泛型能够实现逆变和协变。

```
List<父类> list = new ArrayList<子类>(); // 报错
List<子类> list = new ArrayList<父类>(); // 报错
```

（4）实现协变：可以使用通配符 ? 和 extends 模拟协变。例如：

```
List <? extends 父类> list = new ArrayList<子类>();
```

注意：实现协变后的 list 不能再次增加元素，只能获取元素，获取的元素都是父类类型。

（5）实现逆变：可以使用通配符？和 super 模拟协变。例如：

```
List<? super 子类> list = new ArrayList<父类>();
```

示例：

```
public class Test {
    public static void main(String[] args) {
        //测试协变
        covariantTest();
        //测试逆变
        contravariantTest();
    }

    /**
     * 协变测试
     */
    public static void covariantTest() {
        Son s1 = new Son();
        Son s2 = new Son();

        List<Son> sList = new ArrayList<Son>();
        sList.add(s1);
        sList.add(s2);

        //泛型借助<? extends 父类>实现协变
        List<? extends Father> fList = sList;
        //协变后，集合变成了只读，以下操作是错误的
        //fList.add(new Father());
        //fList.add(new Son());

        //获取的元素都是父类
        Father f = fList.get(0);
        System.out.println(f);
    }

    /**
     * 逆变测试
     */
    public static void contravariantTest() {
        Father f1 = new Father();
        Father f2 = new Father();
        Son s1 = new Son();

        List<Father> fList = new ArrayList<Father>();
        fList.add(f1);
        fList.add(f2);
        fList.add(s1);

        //泛型借助<? super 子类>实现逆变
        List<? super Son> sList = fList;
```

```
        sList.add(new Son());
        Father f = (Father) sList.get(0);
        Son s = (Son) sList.get(2);
        System.out.println(f);
        System.out.println(s);
    }
}

// 定义父类
class Father {
}
// 定义子类
class Son extends Father {
}
```

泛型的使用：

（1）泛型类：

【语法】

```
class 类名<T> {
    //类的实现
}
```

（2）泛型接口：

【语法】

```
interface 接口名<T> {
    //接口的定义
}
```

（3）泛型方法：

【语法】

```
public <T> 返回值 方法名(参数列表){
    // 方法的实现
}
```

注意：泛型方法的返回值、参数列表都可以加入 T。

Java 的泛型在集合中使用得比较频繁。

示例：

```
public class Test{
    public static void main(String[] args){
        List<Integer> list = new ArrayList<Integer>();
        list.add(10);
        list.add(1.2);          //不允许，因为 1.2 不是 Integer

        int a = list.get(0);    //不需要拆箱
    }
}
```

第三节 序列化与反序列化

序列化机制允许将实现序列化的 Java 对象转换为字节序列，这些字节序列可以保存在磁盘上，或通过网络传输，以达到以后恢复成原来的对象。序列化机制使得对象可以脱离程序的运行而独立存在。

序列化：把对象转换成流。

反序列化：把流还原成对象。

序列化的实现方式：

1. 实现 Serializable 接口

（1）普通序列化：要求类的属性成员都是已经序列化接口的类型，该类只要实现 Serializable 空接口即可。

示例：

```
public class TestPerson {
    public static void main(String[] args) {
        Person p1 = new Person("小美", 21);
        String fileName = "e:" + File.separator + "person.bin";

        //序列化
        serialize(p1, fileName);
        //反序列化
        Person p2 = unserialize(fileName);
        System.out.println(p2.getName() + "," + p2.getAge());
    }

    //序列化对象到文件中
    public static void serialize(Person person, String fileName) {
        try {
            ObjectOutputStream oos = new ObjectOutputStream(new
FileOutputStream(fileName));
            oos.writeObject(person);
            oos.close();
        } catch (FileNotFoundException e) {
            e.printStackTrace();
        } catch (IOException e) {
            e.printStackTrace();
        }
    }

    //从文件中反序列化对象
    public static Person unserialize(String fileName) {
        Person person = null;
        try {
            ObjectInputStream ois = new ObjectInputStream(new
FileInputStream(fileName));
```

```
            Object object = ois.readObject();
            person = (Person) object;
            ois.close();
        } catch (FileNotFoundException e) {
            e.printStackTrace();
        } catch (ClassNotFoundException e) {
            e.printStackTrace();
        } catch (IOException e) {
            e.printStackTrace();
        }
        return person;
    }
}

//定义一个类，实现序列化标记接口，其属性都是已经序列化类型
class Person implements Serializable {
    private static final long serialVersionUID = 1L;

    private String name;
    private int age;

    public Person(String name, int age) {
        super();
        this.name = name;
        this.age = age;
    }

    public String getName() {
        return name;
    }

    public void setName(String name) {
        this.name = name;
    }

    public int getAge() {
        return age;
    }

    public void setAge(int age) {
        this.age = age;
    }
}
```

（2）如果该类的属性类型没有实现序列化，则该类的对象不能序列化。

（3）类中的同一对象只会被序列化一次，如果有引用，只保存其序列化后的编号（节省内存）。

（4）使用 transient 关键字修饰的属性不会被序列化，这样，可以达到自定义序列化的目的，也可以重写 writeObject 和 readObject 选择要序列化和反序列化的属性，已达到自定义序列化的目的（比如加密数据）。

2. 强制自定义序列化

通过实现 Externalizable 接口，重写 writeExternal 和 readExternal 方法来自定义序列化和反序列化。

示例：

```
    public class ExPerson implements Externalizable {

        public static void main(String[] args) throws FileNotFoundException,
IOException, ClassNotFoundException {
            ExPerson ep1 = new ExPerson("小亮", 23);
            String fileName = "e:" + File.separator + "ep.bin";
            ObjectOutputStream oos = new ObjectOutputStream(new
FileOutputStream(fileName));
            oos.writeObject(ep1);
            oos.close();
            ObjectInputStream ois = new ObjectInputStream(new
FileInputStream(fileName));
            Object object = ois.readObject();
            ExPerson ep2 = (ExPerson) object;
            ois.close();
            System.out.println(ep2.showInfo());
        }

        private String name;
        private int age;

        public ExPerson() {

        }

        public ExPerson(String name, int age) {
            super();
            this.name = name;
            this.age = age;
        }

        public String showInfo() {
            return "name:" + this.name + ", age:" + this.age;
        }

        @Override
        public void readExternal(ObjectInput in) throws IOException,
ClassNotFoundException {
            this.name = in.readObject().toString();
            this.age = in.readInt();
        }

        @Override
        public void writeExternal(ObjectOutput out) throws IOException {
```

```
        out.writeObject(this.name);
        out.writeInt(this.age);
    }
}
```

小 结

通过学习本章内容，我们掌握了 Java 中常用的反射、泛型和序列化等技术，为我们成为 Java 高级人才奠定了基础。

思考题

1. 就你所知，反射技术有什么应用？
2. 为什么推荐使用泛型集合？
3. 阐述序列化和反序列化的意义。

第十五章 Java GUI 实战

在桌面程序（GUI）的开发中，Java 支持的不如 C#，Java 提供的组件比较少，而且主要依赖 AWT 的升级版 Swing 软件包进行开发，IDE 同样也没有 Visual Studio 好用，但是，通过使用 GUI 创建桌面程序可以让我们更好地理解面向对象编程，加深对对象的认知，充分理解对象之间的关系。

第一节　项目总览

本章通过一个 GUI 项目（学生信息管理系统）充分展示了在实际开发中用到的知识和技巧，包括代码命名规范、代码按其职责的分层、数据库常用封装、各种业务逻辑处理及界面组成切换等。

项目界面如图 15-1~ 图 15-5 所示，其中，MDI 窗体主窗体如图 15-1 所示；单击“增加”按钮时，显示的模态窗体如图 15-2 所示；单击“生日”文本框，弹出自定义的日期组件如图 15-3 所示；单击“修改”按钮时，弹出的模态窗体如图 15-4 所示；单击“删除”按钮时，弹出的删除提示如图 15-5 所示。

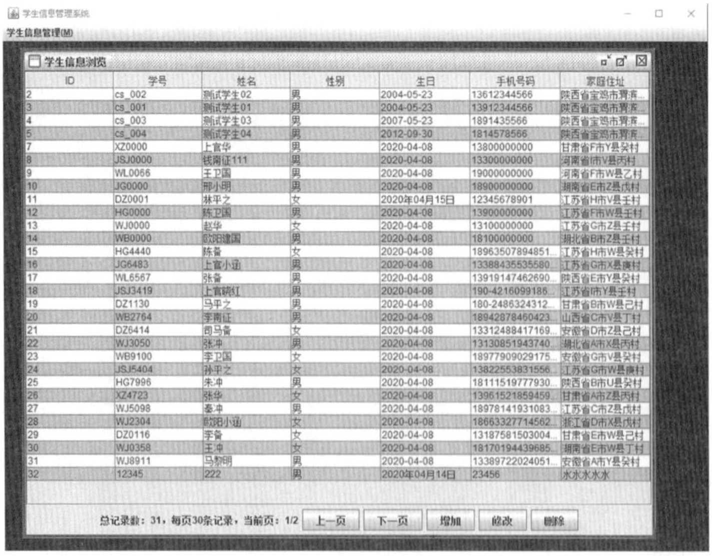

图 15-1　MDI 窗体主窗体

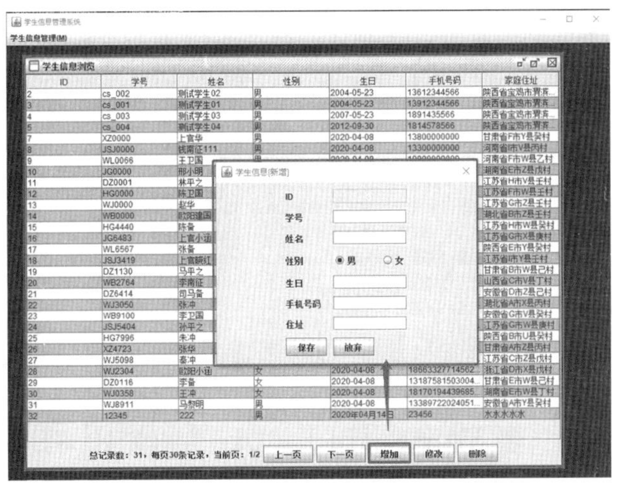

图 15-2　单击“增加”按钮时，显示的模态窗体

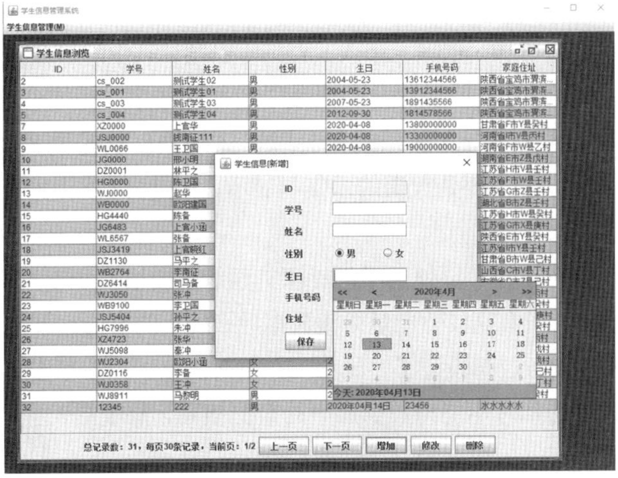

学生信息[新增]

<< < 2020年4月 > >>

星期日 星期一 星期二 星期三 星期四 星期五 星期六

29 30 31 1 2 3 4

5 6 7 8 9 10 11

12 13 14 15 16 17 18

19 20 21 22 23 24 25

26 27 28 29 30 1 2

3 4 5 6 7 8 9

今天: 2020年04月13日

图 15-3　单击“生日”文本框时，弹出自定义的日期组件

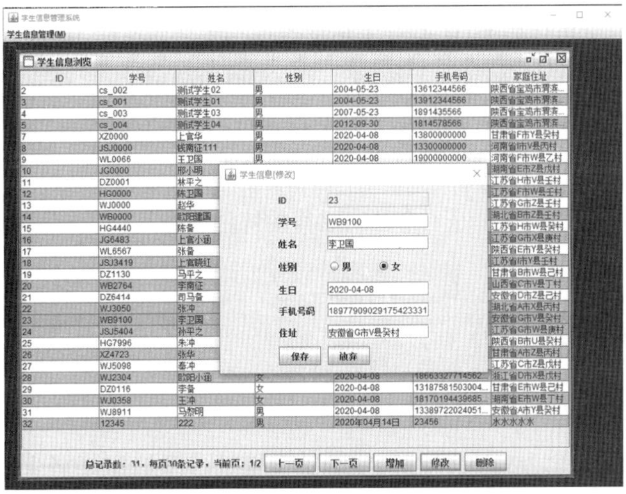

学生信息[修改]

ID 23

学号 WB9100

姓名 李卫国

性别 男 女

生日 2020-04-08

手机号码 18977909029175423331

住址 安徽省G市V县癸村

保存 放弃

图 15-4　单击“修改”按钮时，弹出模态窗体

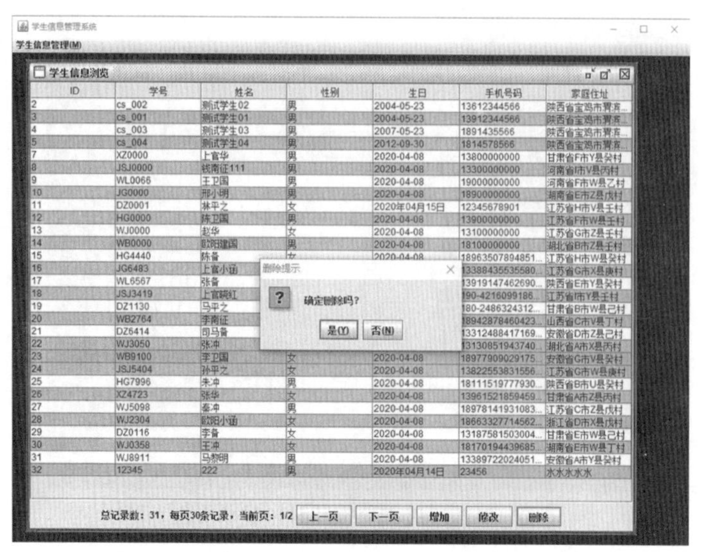

图 15-5　单击“删除”按钮时，弹出删除提示

虽然项目只涉及单表的增加、删除、修改、查询，但是，其中的含金量一点也不少。在后台，使用了分层设计思想，结合 MySQL 数据库，封装了数据库常用的操作，并使用后台分页方式来减缓客户端压力，各层职责分明，实体层提供数据模型，DAO 层提供对数据库的访问，Service 层完成主要的业务逻辑，UI 层主要是数据的采集和展示，通过分层设计，可以很灵活地构建和维护项目。

项目中严格定义了业务逻辑，以便同学们能深刻理解数据校验和业务逻辑的关系，比如：验证是否为空、是否必填都属于数据校验，是采集数据后必须做的事情，不能让脏数据进入数据库，而数据校验之后，就需要业务逻辑验证了，比如：在任何情况下，学号不能相同、姓名不能相同、手机号码也不能相同，新增加时不能与数据库中的数据相同，修改后，也不能与数据库中的数据相同。

同时，该项目还有部分测试代码，包含对服务层功能的测试和提供简单的测试数据到数据库，以便对整个项目进行测试。

在 UI 部分，使用了流行的 MDI 主窗体和子窗口，不是简单的 JFrame，子窗体都在 MDI 主窗体中，并能随着 MDI 主窗体的移动而移动，子窗体界面使用了 GridBagLayout 进行布局，方便快捷，在日期选择时，自定义了日期组件并加入到项目中，以便进一步了解当系统没有现成的组件时，如何自定义组件。

总之，项目虽小，五脏俱全，是一个不可多得的练手项目。

第二节　项目搭建

项目使用 IDEA 工具进行开发，整个项目结构图如图 15-6 所示。

启动 IDEA，创建一个 Java Application 类型的项目，然后创建必要的包（com.benben.gui.sim），接着，在该包之下分别创建子包 common、entity、dao、service、test 和 ui，其中，common

包中存放工具类，包括了数据库常用操作的封装类 DbUtils 和服务层调用结果封装的泛型类 ServiceInvokeResult<T>，entity 包中存放学生信息实体类 Student，dao 包中存放访问数据库对 student 表进行操作的类 StudentDao，service 包中存放 StudentService 类，表示业务逻辑操作类，其会多次调用 StudentDao 实例进行业务逻辑判断，从而进行各种业务逻辑操作，test 包中存放测试类 StudentTest，主要用于测试 StudentService 类的各种方法，同时提供了批量插入模拟数据的功能，ui 包中包含了 MDI 主窗体 MainForm、MDI 子窗体 StudentInternalFrame、自定义日期组件 DateChooser、菜单 MenuBar 及自定义的弹出式对话框 StudentEditDialog（其用于编辑学生信息）。

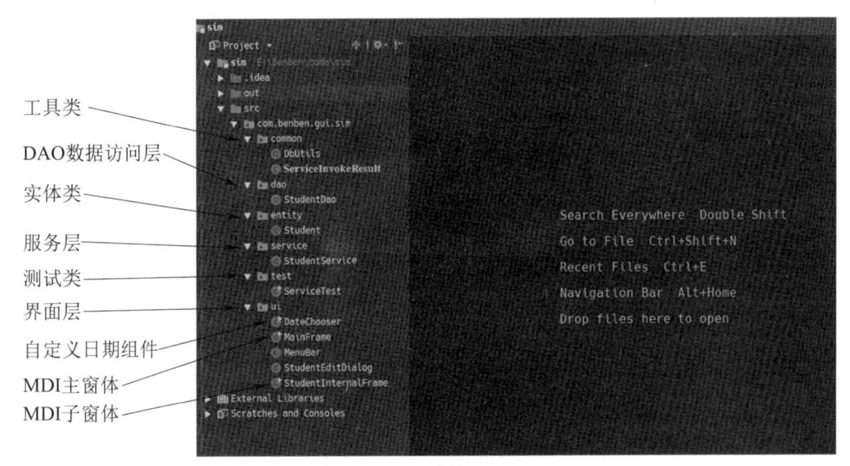

图 15-6　项目结构图

这样的结构在实际开发中是很常用的，也是很流行的分层结构，dao 层只做与数据库进行交互的工作，service 层只做与业务逻辑相关的工作，ui 层只做数据采集和展示的工作，符合基本软件设计的模式：职责单一，高内聚低耦合，同时，整个架构的灵活度也比较高，远比把各种不同功能的代码写在一起要好很多，这种分而治之的编程思想是很重要的。

数据库设计如图 15-7 所示。

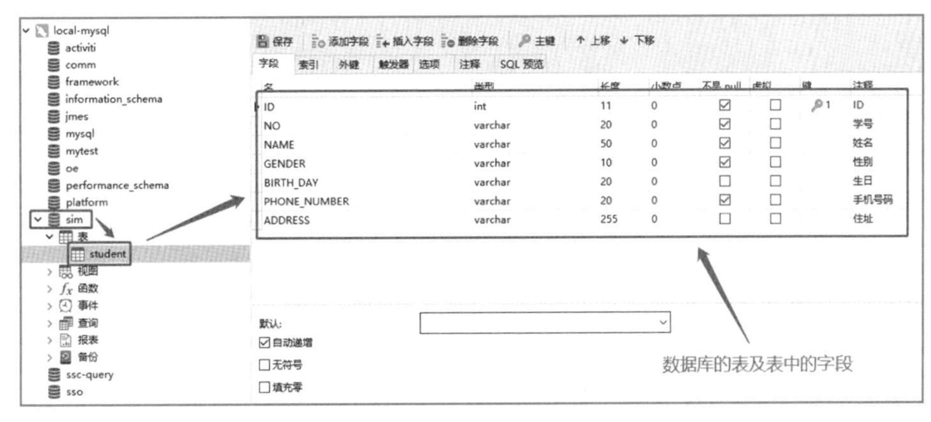

图 15-7　数据库设计

数据库名称为 sim，建表语句如下：

```
CREATE TABLE 'student' (
```

```
    'ID' int(11) NOT NULL AUTO_INCREMENT COMMENT 'ID',
    'NO' varchar(20) CHARACTER SET utf8 COLLATE utf8_general_ci NOT NULL
COMMENT '学号',
    'NAME' varchar(50) CHARACTER SET utf8 COLLATE utf8_general_ci NOT NULL
COMMENT '姓名',
    'GENDER' varchar(10) CHARACTER SET utf8 COLLATE utf8_general_ci NOT
NULL COMMENT '性别',
    'BIRTH_DAY' varchar(20) CHARACTER SET utf8 COLLATE utf8_general_ci
DEFAULT NULL COMMENT '生日',
    'PHONE_NUMBER' varchar(20) CHARACTER SET utf8 COLLATE utf8_general_ci
NOT NULL COMMENT '手机号码',
    'ADDRESS' varchar(255) CHARACTER SET utf8 COLLATE utf8_general_ci
DEFAULT NULL COMMENT '住址',
    'IMAGE' mediumblob COMMENT '照片',
    PRIMARY KEY ('ID') USING BTREE
  ) ENGINE = InnoDB AUTO_INCREMENT = 34 CHARACTER SET = utf8 COLLATE =
utf8_general_ci ROW_FORMAT = Dynamic;
```

第三节　common 包

common 包中有 2 个类，DbUtils 和 ServiceInvokeResult。DbUtils 类封装对数据库常用的操作（编辑、查询、统计），ServiceInvokeResult 封装了对服务层调用的结果（成功失败的标志、错误信息及调用后返回的数据）。

DbUtils.java 代码如下：

```
package com.benben.gui.sim.common;
import java.sql.*;
mport java.util.ArrayList;
mport java.util.HashMap;
mport java.util.List;
mport java.util.Map;
/**
 * @version 1.0.0
 * @create by Benben on 2020-04-07 08:45
 */

/** 工具类（该类主要封装了 JDBC 的常用操作，方便使用） */
public class DbUtils {
  /** MySQL 数据库驱动的程序名称 */
  static final String DB_DRIVER = "com.mysql.jdbc.Driver";
  /** MySQL 数据库的连接 */
  static final String DB_URL = "jdbc:mysql://localhost:3306/sim";
  /** MySQL 数据库的登录账户 */
  static final String DB_USERNAME = "root";
  /** MySQL 数据库的登录密码 */
  static final String DB_PASSWORD = "root";
  /** 程序的工作模式（默认是 Debug 模式，程序上线后，设置为 false） */
```

```
    static final Boolean DEBUG = true;
    /**
     * 执行对数据库的编辑操作
     *
     * @param sql
     * @param parameters
     * @return
     */
    public static int execute(String sql, List<Object> parameters) {
      int count = 0;
      Connection conn = null;
      PreparedStatement ps = null;
      try {
        loadClass();
        conn = DriverManager.getConnection(DB_URL, DB_USERNAME, DB_PASSWORD);
        ps = conn.prepareStatement(sql);
        if (parameters != null) {
          setParameters(ps, parameters);
        }
        /** 显示SQL语句及参数 */
        showSql(sql, parameters);
        count = ps.executeUpdate();
      } catch (SQLException e) {
        System.out.println("数据库执行错误：" + e.getMessage());
      } finally {
        close(ps);
        close(conn);
      }
      return count;
    }

    /**
     * 执行对数据库的查询操作
     *
     * @param sql
     * @param parameters
     * @return
     */
    public static List<Map<String, Object>> query(String sql, List<Object>
parameters) {
      List<Map<String, Object>> list = new ArrayList<Map<String, Object>>();
      Connection conn = null;
      PreparedStatement ps = null;
      ResultSet rs = null;

      try {
        loadClass();
        conn = DriverManager.getConnection(DB_URL, DB_USERNAME, DB_PASSWORD);
        ps = conn.prepareStatement(sql);
```

```
      if (parameters != null) {
        setParameters(ps, parameters);
      }
      /** 显示 SQL 语句及参数 */
      showSql(sql, parameters);
      rs = ps.executeQuery();
      ResultSetMetaData rsmd = rs.getMetaData();
      while (rs.next()) {
        Map<String, Object> map = new HashMap<>();
        for (int i = 0; i < rsmd.getColumnCount(); i++) {
          String key = rsmd.getColumnName(i + 1);
          Object value = rs.getObject(i + 1);
          map.put(key, value);
        }
        list.add(map);
      }
    } catch (SQLException e) {
      System.out.println("数据库执行错误: " + e.getMessage());
    } finally {
      close(rs);
      close(ps);
      close(conn);
    }

    return list;
  }

  public static int count(String sql, List<Object> parameters) {
    int count = 0;
    Connection conn = null;
    PreparedStatement ps = null;
    ResultSet rs = null;

    try {
      loadClass();
      conn = DriverManager.getConnection(DB_URL, DB_USERNAME, DB_PASSWORD);
      ps = conn.prepareStatement(sql);
      if (parameters != null) {
        setParameters(ps, parameters);
      }
      /** 显示 SQL 语句及参数 */
      showSql(sql, parameters);
      rs = ps.executeQuery();
      if (rs.next()) {
        count = rs.getInt(1);
      }
    } catch (SQLException e) {
      System.out.println("数据库执行错误: " + e.getMessage());
    } finally {
```

```
            close(rs);
            close(ps);
            close(conn);
        }

        return count;
    }

    private static void loadClass() {
        try {
            Class.forName(DB_DRIVER);
        } catch (ClassNotFoundException e) {
            System.out.println("数据库驱动 [" + DB_DRIVER + "] 加载失败！ ");
        }
    }

    private static void setParameters(PreparedStatement ps, List<Object>
parameters) {
        try {
            int size = parameters.size();
            for (int i = 0; i < size; i++) {
                ps.setObject(i + 1, parameters.get(i));
            }
        } catch (SQLException e) {
            System.out.println("SQL 设置参数错误: " + e.getMessage());
        }
    }

    private static void close(Connection conn) {
        if (conn != null) {
            try {
                conn.close();
            } catch (SQLException e) {
                System.out.println("数据库对象 [Connection] 关闭时错误" + e.getMessage());
            }
        }
    }

    private static void close(PreparedStatement ps) {
        if (ps != null) {
            try {
                ps.close();
            } catch (SQLException e) {
                System.out.println("数据库对象 [PreparedStatement] 关闭时错误: " +
e.getMessage());
            }
        }
    }
```

```
    private static void close(ResultSet rs) {
        if (rs != null) {
            try {
                rs.close();
            } catch (SQLException e) {
                System.out.println("数据库对象[ResultSet]关闭时错误: " + e.getMessage());
            }
        }
    }

    /**
     * 显示 SQL 语句及参数，便于程序调试
     *
     * @param sql
     * @param parameters
     */
    private static void showSql(String sql, List<Object> parameters) {
        if (DEBUG) {
            StringBuffer stringBuffer = new StringBuffer("[SQL]\r\n\t" + sql + "\r\n");
            if (parameters != null) {
                stringBuffer.append("[参数]\r\n");
                for (int i = 0; i < parameters.size(); i++) {
                    stringBuffer.append("\t参数" + (i + 1) + " -> " +
                        String.valueOf(parameters.get(i)) + "\r\n");
                }
            }
            System.out.println("[调试开始]>>>>>>>>>>>>>>>>>>>>>>>>>>>>>>>>>>>>>>
                >>>>>>>>>>>>>>>>>>>>>>>>>>>>>>>>>>>>>>>>>>>>>>");
            System.out.println(stringBuffer.toString());
            System.out.println("<<<<<<<<<<<<<<<<<<<<<<<<<<<<<<<<<<<<<<<<<<<<<<<<
                <<<<<<<<<<<<<<<<<<<<<<<<<<<<<<<<<<<[调试结束]");
            System.out.println();
        }
    }
}
```

ServiceInvokeResult.java 代码如下：

```
package com.benben.gui.sim.common;

/**
 * @version 1.0.0
 * @create by Benben on 2020-04-07 10:58
 */

/**
 * 服务层调用的返回结果泛型类（该类封装了服务层调用的返回结果，方便调用者使用）
 *
 * @param <T>
 */
```

```java
public class ServiceInvokeResult<T> {
  /** 调用是否成功 */
  private boolean success;
  /** 调用后返回的消息（一般针对调用失败而言） */
  private String message;
  /** 调用后返回的数据（一般针对调用成功而言） */
  private T data;

  public ServiceInvokeResult(String message) {
    this.message = message;
  }

  public ServiceInvokeResult(T data) {
    this.success = true;
    this.data = data;
  }

  public ServiceInvokeResult(boolean success, String message) {
    this.success = success;
    this.message = message;
  }

  public ServiceInvokeResult(boolean success, String message, T data) {
    this.success = success;
    this.message = message;
    this.data = data;
  }

  public boolean isSuccess() {
    return success;
  }

  public void setSuccess(boolean success) {
    this.success = success;
  }

  public String getMessage() {
    return message;
  }

  public void setMessage(String message) {
    this.message = message;
  }

  public T getData() {
    return data;
  }

  public void setData(T data) {
```

```
        this.data = data;
    }
}
```

第四节 entity 包

entity 包中包含了 Student 实体类，是与数据库 student 表一一对应的类。

Student.java 代码如下：

```
package com.benben.gui.sim.entity;

/**
 * @version 1.0.0
 * @create by Benben on 2020-04-07 08:42
 */

/** 学生信息实体类 */
public class Student {

  /** ID */
  private int id;
  /** 学号 */
  private String no;
  /** 姓名 */
  private String name;
  /** 性别 */
  private String gender;
  /** 生日 */
  private String birthday;
  /** 手机号码 */
  private String phoneNumber;
  /** 住址 */
  private String address;

  public int getId() {
    return id;
  }

  public void setId(int id) {
    this.id = id;
  }

  public String getNo() {
    return no;
  }

  public void setNo(String no) {
    this.no = no;
  }
```

```
    public String getName() {
      return name;
    }

    public void setName(String name) {
      this.name = name;
    }

    public String getGender() {
      return gender;
    }

    public void setGender(String gender) {
      this.gender = gender;
    }

    public String getBirthday() {
      return birthday;
    }

    public void setBirthday(String birthday) {
      this.birthday = birthday;
    }

    public String getPhoneNumber() {
      return phoneNumber;
    }

    public void setPhoneNumber(String phoneNumber) {
      this.phoneNumber = phoneNumber;
    }

    public String getAddress() {
      return address;
    }

    public void setAddress(String address) {
      this.address = address;
    }
  }
```

第五节 dao 包

dao 包中包含了 StudentDao 类，该类的职责是调用 DbUtils 工具类的方法，操作数据库，完成上层（service 层）对其的调用。

```
package com.benben.gui.sim.dao;

import com.benben.gui.sim.common.DbUtils;
import com.benben.gui.sim.entity.Student;

import java.util.ArrayList;
import java.util.List;
import java.util.Map;

/**
 * @version 1.0.0
 * @create by Benben on 2020-04-07 08:44
 */

/** 数据访问层（该层只做数据访问，即与数据库进行交互，被业务层所调用） */
public class StudentDao {

  /**
   * 插入一个学生信息
   *
   * @param student
   * @return
   */
  public boolean insertStudent(Student student) {
    if (student == null) {
      return false;
    }

    String sql =
        "INSERT INTO STUDENT(NO,NAME,GENDER,BIRTH_DAY,PHONE_NUMBER,
ADDRESS) VALUES(?,?,?,?,?,?)";
    List<Object> parameters = getParameters(student);

    return DbUtils.execute(sql, parameters) > 0;
  }

  /**
   * 更新一个学生信息
   *
   * @param student
   * @return
   */
  public boolean updateStudent(Student student) {
    if (student == null) {
      return false;
    }

    String sql =
        "UPDATE STUDENT SET NO=?,NAME=?,GENDER=?,BIRTH_DAY=?,PHONE_NUMBER=?,
```

```
ADDRESS=? WHERE ID=?";
        List<Object> parameters = getParameters(student);
        parameters.add(student.getId());

        return DbUtils.execute(sql, parameters) > 0;
    }

    /**
     * 删除一个学生信息
     *
     * @param id
     * @return
     */
    public boolean deleteStudentById(int id) {
        String sql = "DELETE FROM STUDENT WHERE ID=?";
        List<Object> parameters = new ArrayList<>();
        parameters.add(id);

        return DbUtils.execute(sql, parameters) > 0;
    }

    /**
     * 查询一个学生信息
     *
     * @param id
     * @return
     */
    public Student getById(int id) {
        String sql =
            "SELECT ID,NO,NAME,GENDER,BIRTH_DAY,PHONE_NUMBER,ADDRESS,IMAGE
FROM STUDENT WHERE ID=?";
        List<Object> parameters = new ArrayList<>();
        parameters.add(id);
        List<Map<String, Object>> list = DbUtils.query(sql, parameters);
        if (list != null && list.size() > 0) {
            return convert2Student(list.get(0));
        }

        return null;
    }

    /**
     * 查询所有学生信息
     *
     * @return
     */
    public List<Student> queryAllStudent() {
        List<Student> students = new ArrayList<>();
        String sql = "SELECT ID,NO,NAME,GENDER,BIRTH_DAY,PHONE_NUMBER,ADDRESS,
```

```
IMAGE FROM STUDENT";
        List<Map<String, Object>> list = DbUtils.query(sql, null);
        if (list != null && list.size() > 0) {
            for (Map<String, Object> mapItem : list) {
                Student student = convert2Student(mapItem);
                students.add(student);
            }
        }

        return students;
    }

    /**
     * 分页查询学生信息
     *
     * @param pageIndex
     * @param pageSize
     * @return
     */
    public List<Student> pagingStudent(int pageIndex, int pageSize) {
        List<Student> students = new ArrayList<>();
        int offset = (pageIndex - 1) * pageSize;
        String sql =
            "SELECT ID,NO,NAME,GENDER,BIRTH_DAY,PHONE_NUMBER,ADDRESS,IMAGE
FROM STUDENT LIMIT "
                + offset
                + ","
                + pageSize;
        List<Map<String, Object>> list = DbUtils.query(sql, null);
        if (list != null && list.size() > 0) {
            for (Map<String, Object> mapItem : list) {
                Student student = convert2Student(mapItem);
                students.add(student);
            }
        }
        return students;
    }

    public int countStudents() {
        String sql = "SELECT COUNT(ID) FROM STUDENT";
        return DbUtils.count(sql, null);
    }

    /**
     * 统计相同学号的数量（用于插入业务的验证）
     *
     * @param no
     * @return
     */
```

```
public int countStudentByNo(String no) {
  String sql = "SELECT COUNT(1) FROM STUDENT WHERE NO=?";
  List<Object> parameters = new ArrayList<>();
  parameters.add(no);

  return DbUtils.count(sql, parameters);
}

/**
 * 统计相同学号但 ID 不同的数量（用于更新业务的验证）
 *
 * @param no
 * @param id
 * @return
 */
public int countStudentByNo(String no, int id) {
  String sql = "SELECT COUNT(1) FROM STUDENT WHERE NO=? AND ID<>?";
  List<Object> parameters = new ArrayList<>();
  parameters.add(no);
  parameters.add(id);

  return DbUtils.count(sql, parameters);
}

/**
 * 统计相同姓名的数量（用于插入业务的验证）
 *
 * @param name
 * @return
 */
public int countStudentByName(String name) {
  String sql = "SELECT COUNT(1) FROM STUDENT WHERE NAME=?";
  List<Object> parameters = new ArrayList<>();
  parameters.add(name);

  return DbUtils.count(sql, parameters);
}

/**
 * 统计相同姓名但 ID 不同的数量（用于更新业务的验证）
 *
 * @param name
 * @param id
 * @return
 */
public int countStudentByName(String name, int id) {
  String sql = "SELECT COUNT(1) FROM STUDENT WHERE NAME=? AND ID<>?";
  List<Object> parameters = new ArrayList<>();
  parameters.add(name);
```

```
    parameters.add(id);

    return DbUtils.count(sql, parameters);
}

/**
 * 统计相同手机号码的数量（用于插入业务的验证）
 *
 * @param phoneNumber
 * @return
 */
public int countStudentByPhoneNumber(String phoneNumber) {
    String sql = "SELECT COUNT(1) FROM STUDENT WHERE PHONE_NUMBER=?";
    List<Object> parameters = new ArrayList<>();
    parameters.add(phoneNumber);

    return DbUtils.count(sql, parameters);
}

/**
 * 统计相同手机号码但 ID 不同的数量（用于更新业务的验证）
 *
 * @param phoneNumber
 * @param id
 * @return
 */
public int countStudentByPhoneNumber(String phoneNumber, int id) {
    String sql = "SELECT COUNT(1) FROM STUDENT WHERE PHONE_NUMBER=? AND ID<>?";
    List<Object> parameters = new ArrayList<>();
    parameters.add(phoneNumber);
    parameters.add(id);

    return DbUtils.count(sql, parameters);
}

/**
 * Map 对象转换成 Student 对象
 *
 * @param mapItem
 * @return
 */
private Student convert2Student(Map<String, Object> mapItem) {
    Student student = new Student();
    student.setId(Integer.valueOf(String.valueOf(mapItem.get("ID"))));
    student.setNo(String.valueOf(mapItem.get("NO")));
    student.setName(String.valueOf(mapItem.get("NAME")));
    student.setGender(String.valueOf(mapItem.get("GENDER")));
    student.setBirthday(String.valueOf(mapItem.get("BIRTH_DAY")));
    student.setPhoneNumber(String.valueOf(mapItem.get("PHONE_NUMBER")));
```

```
        student.setAddress(String.valueOf(mapItem.get("ADDRESS")));
        return student;
    }

    /**
     * 由 Student 对象获取 SQL 的参数
     *
     * @param student
     * @return
     */
    private List<Object> getParameters(Student student) {
        List<Object> parameters = new ArrayList<>();
        parameters.add(student.getNo());
        parameters.add(student.getName());
        parameters.add(student.getGender());
        parameters.add(student.getBirthday());
        parameters.add(student.getPhoneNumber());
        parameters.add(student.getAddress());
        return parameters;
    }
}
```

第六节 service 包

service 包中包含了 StudentService 类，该类是业务逻辑的处理类，体现了日常中的业务逻辑，该类会调用 StudentDao 去多次访问数据库，完成业务逻辑。

StudentService.java 代码如下：

```
package com.benben.gui.sim.service;

import com.benben.gui.sim.common.ServiceInvokeResult;
import com.benben.gui.sim.dao.StudentDao;
import com.benben.gui.sim.entity.Student;

import java.util.HashMap;
import java.util.List;
import java.util.Map;

/**
 * @version 1.0.0
 * @create by Benben on 2020-04-07 08:45
 */

/** 业务层（该层主要封装了业务逻辑的要求，只做与业务逻辑相关的事情） */
public class StudentService {

    private StudentDao studentDao = new StudentDao();
```

```
    /**
     * 增加一个学生信息的业务（要求学号、姓名和手机号码不能与已存在的学生信息重复）
     *
     * @param student
     * @return
     */
    public ServiceInvokeResult<Student> addStudent(Student student) {
      // 输入验证
      String info = validate(student, false);
      if (info != null) {
        return new ServiceInvokeResult<Student>("增加失败,[" + info + "]");
      }

      // 业务验证
      if (studentDao.countStudentByNo(student.getNo()) > 0) {
        return new ServiceInvokeResult<Student>("增加失败,[学号重复]");
      }
      if (studentDao.countStudentByName(student.getName()) > 0) {
        return new ServiceInvokeResult<Student>("增加失败,[姓名重复]");
      }
      if (studentDao.countStudentByPhoneNumber(student.getPhoneNumber()) > 0) {
        return new ServiceInvokeResult<Student>("增加失败,[手机号码重复]");
      }

      // 增加
      if (studentDao.insertStudent(student)) {
        return new ServiceInvokeResult<Student>(true, "增加成功");
      } else {
        return new ServiceInvokeResult<Student>("增加失败");
      }
    }

    /**
     * 修改一个学生信息的业务(要求修改后的学号、姓名和手机号码不能与已存在的学生信息重复,
与自己相同除外)
     *
     * @param student
     * @return
     */
    public ServiceInvokeResult<Student> modifyStudent(Student student) {
      // 输入验证
      String info = validate(student, true);
      if (info != null) {
        return new ServiceInvokeResult<Student>("修改失败,[" + info + "]");
      }

      // 业务验证
      if (studentDao.countStudentByNo(student.getNo(), student.getId()) > 0) {
        return new ServiceInvokeResult<Student>("修改失败,[学号重复]");
```

```
        }
        if (studentDao.countStudentByName(student.getName(), student.getId()) > 0) {
          return new ServiceInvokeResult<Student>("修改失败，[姓名重复]");
        }
        if (studentDao.countStudentByPhoneNumber(student.getPhoneNumber(),
student.getId()) > 0) {
          return new ServiceInvokeResult<Student>("修改失败，[手机号码重复]");
        }

        //修改
        if (studentDao.updateStudent(student)) {
          return new ServiceInvokeResult<Student>(true, "修改成功");
        } else {
          return new ServiceInvokeResult<Student>("修改失败");
        }
      }

      /**
       * 删除一个学生信息的业务
       *
       * @param id
       * @return
       */
      public ServiceInvokeResult<Student> removeStudentById(int id) {
        if (studentDao.deleteStudentById(id)) {
          return new ServiceInvokeResult<Student>(true, "删除成功");
        } else {
          return new ServiceInvokeResult<Student>("删除失败");
        }
      }

      /**
       * 查询一个学生信息的业务
       *
       * @param id
       * @return
       */
      public ServiceInvokeResult<Student> getStudentById(int id) {
        Student student = studentDao.getById(id);
        if (student != null) {
          return new ServiceInvokeResult<Student>(student);
        } else {
          return new ServiceInvokeResult<Student>("查无此人");
        }
      }

      /**
       * 查询所有学生信息的业务
       *
```

```
     * @return
     */
    public ServiceInvokeResult<List<Student>> listAllStudents() {
      List<Student> list = studentDao.queryAllStudent();
      return new ServiceInvokeResult<>(list);
    }

    /**
     * 分页查询学生信息的业务
     *
     * @param pageIndex
     * @param pageSize
     * @return
     */
    public ServiceInvokeResult<Map<String, Object>> pagingStudents(int pageIndex,
int pageSize) {
      Map<String, Object> map = new HashMap();
      List<Student> list = studentDao.pagingStudent(pageIndex, pageSize);
      int recordCount = studentDao.countStudents();
      int totalPage = recordCount / pageSize;
      if (recordCount % pageSize != 0) {
        totalPage++;
      }
      map.put("list", list);
      map.put("recordCount", recordCount);
      map.put("totalPage", totalPage);

      return new ServiceInvokeResult<>(map);
    }

    /**
     * 输入验证
     *
     * @param student
     * @param isUpdate
     * @return
     */
    private String validate(Student student, boolean isUpdate) {
      if (student == null) {
        return "学生对象不能为空";
      }
      if (isUpdate) {
        if (student.getId() == 0) {
          return "Id不能为空";
        }
      }
      if (student.getNo() == null || "".equals(student.getNo())) {
        return "学号不能为空";
      }
```

```
        if (student.getName() == null || "".equals(student.getName())) {
            return "姓名不能为空";
        }
        if (student.getPhoneNumber() == null || "".equals(student.
getPhoneNumber())) {
            return "手机号码不能为空";
        }
        return null;
    }
}
```

第七节 test 包

test 包中包含了测试，这是开发人员最基本的测试，主要测试 StudentService 的功能，同时，也包含自动生成测试数据的方法。

StudentTest.java 代码如下：

```
package com.benben.gui.sim.test;

import com.benben.gui.sim.common.ServiceInvokeResult;
import com.benben.gui.sim.entity.Student;
import com.benben.gui.sim.service.StudentService;

import java.util.List;
import java.util.Map;
import java.util.Random;

/**
 * @version 1.0.0
 * @create by Benben on 2020-04-07 14:10
 */
public class ServiceTest {

    private StudentService studentService = new StudentService();

    public static void main(String[] args) {
        ServiceTest serviceTest = new ServiceTest();

        //serviceTest.testAddStudent();
        //serviceTest.testListAllStudent();
        //serviceTest.testModifyStudent(1);
        //serviceTest.testDeleteStudent(1);
        //serviceTest.testPagingStudents();
        serviceTest.fillTestData();
    }

    /** 测试增加业务 */
```

```
public void testAddStudent() {
  Student student = new Student();
  student.setNo("cs_005");
  student.setName("测试学生05");
  student.setGender("女");
  student.setBirthday("2010-11-17");
  student.setPhoneNumber("18655791087");
  student.setAddress("陕西省宝鸡市公园路133号");
  ServiceInvokeResult<Student> sir = studentService.addStudent(student);
  System.out.println(sir.isSuccess() ? "测试通过" : "测试失败");
}

/**
 * 测试修改业务
 *
 * @param id
 */
public void testModifyStudent(int id) {
  ServiceInvokeResult<Student> sir = studentService.getStudentById(id);
  if (sir.isSuccess()) {
    Student student = sir.getData();
    student.setNo("cs_003");
    student.setName("测试学生03");
    student.setGender("女");
    student.setBirthday("2008-09-11");
    student.setPhoneNumber("13500458876");
    student.setAddress("陕西省宝鸡市陈仓园市民中心");
    ServiceInvokeResult<Student> sirTmp = studentService.modifyStudent(student);
    System.out.println(sirTmp.isSuccess() ? "测试通过" : "测试失败");
  }
}

/**
 * 测试删除业务
 *
 * @param id
 */
public void testDeleteStudent(int id) {
  ServiceInvokeResult<Student> sir = studentService.removeStudentById(id);
  System.out.println(sir.isSuccess() ? "测试通过" : "测试失败");
}

/** 测试查询业务 */
public void testListAllStudent() {
  ServiceInvokeResult<List<Student>> sir = studentService.listAllStudents();
  for (Student student : sir.getData()) {
    System.out.println(student.getNo() + "\t" + student.getName());
  }
}
```

```
    public void testPagingStudents() {
      int pageIndex = 3;
      int pageSize = 5;
      ServiceInvokeResult<Map<String, Object>> sir =
          studentService.pagingStudents(pageIndex, pageSize);
      Map<String, Object> map = sir.getData();
      System.out.println("总记录数: " + String.valueOf(map.get( "recordCount" )));
      System.out.println("总页数: " + String.valueOf(map.get("totalPage")));
      for (Student student : (List<Student>) map.get("list")) {
        System.out.println(student.getNo() + "\t" + student.getName());
      }
    }

    /** 生成大量的测试数据 */
    public void fillTestData() {
      String[] phonePrefix = {"131", "133", "138", "139", "180", "181", "186",
"189", "190"};
      String[] noPrefix = {"JSJ", "HG", "WB", "JG", "DZ", "WL", "WJ", "XZ"};
      String[] name1Prefix = {
        "张", "王", "李", "赵", "钱", "孙", "陈", "吴", "马", "刘", "秦", "朱",
"上官", "欧阳", "诸葛", "司马"
      };
      String[] name2Prefix = {
        "晓红", "小涵", "小明", "亮", "备", "平之", "盈", "冲", "华", "建国",
"卫国", "南征", "北战", "建国", "解放", "黎明"
      };
      String[] address1Prefix = {
        "陕西省", "山西省", "河南省", "河北省", "甘肃省", "安徽省", "湖北省",
"湖南省", "浙江省", "江苏省"
      };
      String[] address2Prefix = {"A 市", "B 市", "C 市", "D 市", "E 市", "F 市",
"G 市", "H 市", "I 市"};
      String[] address3Prefix = {"X 县", "Y 县", "Z 县", "W 县", "U 县", "V 县"};
      String[] address4Prefix = {"甲村", "乙村", "丙村", "丁村", "戊村",
"己村", "庚村", "辛村", "壬村", "癸村"};

      int count = 2000;
      Random random = new Random(1000);
      for (int i = 0; i < count; i++) {
        Student student = new Student();

        student.setNo(
            noPrefix[random.nextInt(100) % noPrefix.length]
                + String.format("%04d", random.nextInt(10000)));
        student.setName(
            name1Prefix[random.nextInt(100) % name1Prefix.length]
                + name2Prefix[random.nextInt(100) % name2Prefix.length]);
        student.setPhoneNumber(
            phonePrefix[random.nextInt(100) % phonePrefix.length]
```

```
                + String.format("%08d", random.nextLong()));
        student.setGender(random.nextInt(100) % 2 == 0 ? "女" : "男");
        student.setBirthday("2020-04-08");
        student.setAddress(
            address1Prefix[random.nextInt(100) % address1Prefix.length]
                + address2Prefix[random.nextInt(100) % address2Prefix.length]
                + address3Prefix[random.nextInt(100) % address3Prefix.length]
                + address4Prefix[random.nextInt(100) % address4Prefix.length]);

        studentService.addStudent(student);
      }
    }
  }
```

第八节　ui 包

ui 包中包含了 MDI 主窗体、MDI 子窗体、自定义日期组件 DateChooser、菜单及自定义的弹出对话框，这些都是用于采集和展示数据的，也是采集和展示数据的一种方式，如果以后要换成网页形式，只要改变 ui 包的内容即可（把采集和展示做成网页方式）。

MainForm.java 代码如下：

```
package com.benben.gui.sim.ui;

import javax.swing.*;
import javax.swing.event.InternalFrameAdapter;
import javax.swing.event.InternalFrameEvent;
import java.awt.*;

/**
 * @version 1.0.0
 * @create by Benben on 2020-04-03 15:50
 */
public class MainFrame extends JFrame {
  private static int top = 10;
  private static int left = 10;
  private static int delta = 10;
  private JDesktopPane desktopPane;

  public MainFrame(String title) {
    JFrame.setDefaultLookAndFeelDecorated(true);
    setTitle(title);
    setSize(1024, 768);
    setDefaultCloseOperation(JFrame.EXIT_ON_CLOSE);
    setLocationRelativeTo(null);

    //在窗体中添加 JDesktopPane 桌面面板
    desktopPane = new JDesktopPane();
```

```
    getContentPane().add(desktopPane, BorderLayout.CENTER);
    desktopPane.setBackground(Color.DARK_GRAY);
  }

  public static void main(String[] args) {
    //启动MDI主窗体
    EventQueue.invokeLater(
        //lamda表达式方式
        () -> {
          MainFrame mainFrame = new MainFrame("学生信息管理系统");
          MenuBar menuBar = new MenuBar(mainFrame);

          mainFrame.setVisible(true);
        });
  }

  public void addChildFrame(JInternalFrame childFrame) {
    //给新增加的子窗体设置关闭时的处理
    childFrame.addInternalFrameListener(
        new InternalFrameAdapter() {
          @Override
          public void internalFrameClosed(InternalFrameEvent e) {
            //关闭子窗体时，从父窗体中移除
            desktopPane.remove(childFrame);
          }
        });

    //确保标题相同的只有唯一的子窗体
    String titile = childFrame.getTitle();
    for (JInternalFrame f : desktopPane.getAllFrames()) {
      if (f.getTitle().equals(titile)) {
        return;
      }
    }

    //添加子窗体到MDI父窗体中
    childFrame.setBounds(top, left, childFrame.getWidth(), childFrame.getHeight());
    childFrame.setVisible(true);
    desktopPane.add(childFrame);
    top += delta;
    left += delta;
  }
}
```

DateChooser.java 代码如下：

```
package com.benben.gui.sim.ui;

import javax.swing.*;
import javax.swing.event.AncestorEvent;
```

```
import javax.swing.event.AncestorListener;
import java.awt.*;
import java.awt.event.*;
import java.text.SimpleDateFormat;
import java.util.*;
import java.util.List;

/**
 * @version 1.0.0
 * @create by Benben on 2020-04-10 11:43
 */

/** 日期组件 */
public class DateChooser extends JPanel {
  private static final long serialVersionUID = 4529266044762990227L;
  private final LabelManager lm = new LabelManager();
  private Date initDate;
  private Calendar now = Calendar.getInstance();
  private Calendar select;
  private JPanel monthPanel;
  private JP1 jp1;
  private JP2 jp2;
  private JP3 jp3;
  private JP4 jp4;
  private Font font = new Font(" 宋体 ", Font.PLAIN, 12);
  private SimpleDateFormat sdf;

  private boolean isShow = false;

  private Popup pop;

  private JComponent showDate;

  /** Creates a new instance of DateChooser */
  private DateChooser() {
    this(new Date());
  }

  private DateChooser(Date date) {
    this(date, "yyyy 年 MM 月 dd 日 ");
  }

  private DateChooser(String format) {
    this(new Date(), format);
  }

  private DateChooser(Date date, String format) {
    initDate = date;
    sdf = new SimpleDateFormat(format);
```

```
    select = Calendar.getInstance();
    select.setTime(initDate);
    initPanel();
  }

  public static DateChooser getInstance() {
    return new DateChooser();
  }

  public static DateChooser getInstance(Date date) {
    return new DateChooser(date);
  }

  public static DateChooser getInstance(String format) {
    return new DateChooser(format);
  }

  public static DateChooser getInstance(Date date, String format) {
    return new DateChooser(date, format);
  }

  public static void main(String[] args) {
    DateChooser dateChooser1 = DateChooser.getInstance("yyyy-MM-dd");
    DateChooser dateChooser2 = DateChooser.getInstance("yyyy-MM-dd");
    JTextField showDate1 = new JTextField("单击选择日期");
    JLabel showDate2 = new JLabel("单击选择日期");
    dateChooser1.register(showDate1);
    dateChooser2.register(showDate2);
    JFrame jf = new JFrame("测试日期选择器");
    jf.add(showDate1, BorderLayout.NORTH);
    jf.add(showDate2, BorderLayout.SOUTH);
    jf.pack();
    jf.setLocationRelativeTo(null);
    jf.setVisible(true);
    jf.setDefaultCloseOperation(JFrame.EXIT_ON_CLOSE);
  }

  /** 是否允许用户选择 */
  @Override
  public void setEnabled(boolean b) {
    super.setEnabled(b);
    showDate.setEnabled(b);
  }

  /** 得到当前选择框的日期 */
  public Date getDate() {
    return select.getTime();
  }
```

```
    public String getStrDate() {
      return sdf.format(select.getTime());
    }

    //根据初始化的日期，初始化面板
    public String getStrDate(String format) {
      sdf = new SimpleDateFormat(format);
      return sdf.format(select.getTime());
    }

    private void initPanel() {
      monthPanel = new JPanel(new BorderLayout());
      monthPanel.setBorder(BorderFactory.createLineBorder(Color.BLUE));
      JPanel up = new JPanel(new BorderLayout());
      up.add(jp1 = new JP1(), BorderLayout.NORTH);
      up.add(jp2 = new JP2(), BorderLayout.CENTER);
      monthPanel.add(jp3 = new JP3(), BorderLayout.CENTER);
      monthPanel.add(up, BorderLayout.NORTH);
      monthPanel.add(jp4 = new JP4(), BorderLayout.SOUTH);
      this.addAncestorListener(
          new AncestorListener() {
            @Override
            public void ancestorAdded(AncestorEvent event) {}

            @Override
            public void ancestorRemoved(AncestorEvent event) {}

            // 只要祖先组件一移动，马上就让 popup 消失
            @Override
            public void ancestorMoved(AncestorEvent event) {
              hidePanel();
            }
          });
    }

    //根据新的日期刷新
    public void register(final JComponent showDate) {
      this.showDate = showDate;
      showDate.setRequestFocusEnabled(true);
      showDate.addMouseListener(
          new MouseAdapter() {
            @Override
            public void mousePressed(MouseEvent me) {
              showDate.requestFocusInWindow();
            }
          });

      this.setBackground(Color.WHITE);
      this.add(showDate, BorderLayout.CENTER);
      this.setPreferredSize(new Dimension(90, 25));
```

```
    this.setBorder(BorderFactory.createLineBorder(Color.GRAY));
    showDate.addMouseListener(
        new MouseAdapter() {
          @Override
          public void mouseEntered(MouseEvent me) {
            if (showDate.isEnabled()) {
              showDate.setCursor(new Cursor(Cursor.HAND_CURSOR));
              showDate.setForeground(Color.RED);
            }
          }

          @Override
          public void mouseExited(MouseEvent me) {
            if (showDate.isEnabled()) {
              showDate.setCursor(new Cursor(Cursor.DEFAULT_CURSOR));
              showDate.setForeground(Color.BLACK);
            }
          }

          @Override
          public void mousePressed(MouseEvent me) {
            if (showDate.isEnabled()) {
              showDate.setForeground(Color.CYAN);
              if (isShow) {
                hidePanel();
              } else {
                showPanel(showDate);
              }
            }
          }

          @Override
          public void mouseReleased(MouseEvent me) {
            if (showDate.isEnabled()) {
              showDate.setForeground(Color.BLACK);
            }
          }
        });

    showDate.addFocusListener(
        new FocusListener() {
          @Override
          public void focusLost(FocusEvent e) {
            hidePanel();
          }

          @Override
          public void focusGained(FocusEvent e) {}
        });
}
```

```
    //提交日期
    private void refresh() {
      jp1.updateDate();
      jp2.updateDate();
      jp3.updateDate();
      jp4.updateDate();
      SwingUtilities.updateComponentTreeUI(this);
    }

    //隐藏日期选择面板
    private void commit() {
      //TODO add other components here
      if (showDate instanceof JTextField) {
        ((JTextField) showDate).setText(sdf.format(select.getTime()));
      } else if (showDate instanceof JLabel) {
        ((JLabel) showDate).setText(sdf.format(select.getTime()));
      }
      hidePanel();
    }

    //显示日期选择面板
    private void hidePanel() {
      if (pop != null) {
        isShow = false;
        pop.hide();
        pop = null;
      }
    }

    private void showPanel(Component owner) {
      if (pop != null) {
        pop.hide();
      }
      Point show = new Point(0, showDate.getHeight());
      SwingUtilities.convertPointToScreen(show, showDate);
      Dimension size = Toolkit.getDefaultToolkit().getScreenSize();
      int x = show.x;
      int y = show.y;
      if (x < 0) {
        x = 0;
      }
      if (x > size.width - 295) {
        x = size.width - 295;
      }
      if (y < size.height - 170) {
      } else {
        y -= 188;
      }
      pop = PopupFactory.getSharedInstance().getPopup(owner, monthPanel, x, y);
```

```
    pop.show();
    isShow = true;
  }

  /** 最上面的面板用来显示月份的增减 */
  private class JP1 extends JPanel {
    private static final long serialVersionUID = -5638853772805561174L;
    JLabel yearleft, yearright, monthleft, monthright, center, centercontainer;
    public JP1() {
      super(new BorderLayout());
      this.setBackground(new Color(160, 185, 215));
      initJP1();
    }

    private void initJP1() {
      yearleft = new JLabel("  <<", JLabel.CENTER);
      yearleft.setToolTipText("上一年");
      yearright = new JLabel(">>  ", JLabel.CENTER);
      yearright.setToolTipText("下一年");
      yearleft.setBorder(BorderFactory.createEmptyBorder(2, 0, 0, 0));
      yearright.setBorder(BorderFactory.createEmptyBorder(2, 0, 0, 0));
      monthleft = new JLabel("  <", JLabel.RIGHT);
      monthleft.setToolTipText("上一月");
      monthright = new JLabel(">  ", JLabel.LEFT);
      monthright.setToolTipText("下一月");
      monthleft.setBorder(BorderFactory.createEmptyBorder(2, 30, 0, 0));
      monthright.setBorder(BorderFactory.createEmptyBorder(2, 0, 0, 30));
      centercontainer = new JLabel("", JLabel.CENTER);
      centercontainer.setLayout(new BorderLayout());
      center = new JLabel("", JLabel.CENTER);
      centercontainer.add(monthleft, BorderLayout.WEST);
      centercontainer.add(center, BorderLayout.CENTER);
      centercontainer.add(monthright, BorderLayout.EAST);
      this.add(yearleft, BorderLayout.WEST);
      this.add(centercontainer, BorderLayout.CENTER);
      this.add(yearright, BorderLayout.EAST);
      this.setPreferredSize(new Dimension(295, 25));
      updateDate();
      yearleft.addMouseListener(
          new MouseAdapter() {
            @Override
            public void mouseEntered(MouseEvent me) {
              yearleft.setCursor(new Cursor(Cursor.HAND_CURSOR));
              yearleft.setForeground(Color.RED);
            }

            @Override
            public void mouseExited(MouseEvent me) {
              yearleft.setCursor(new Cursor(Cursor.DEFAULT_CURSOR));
```

```
            yearleft.setForeground(Color.BLACK);
          }

          @Override
          public void mousePressed(MouseEvent me) {
            select.add(Calendar.YEAR, -1);
            yearleft.setForeground(Color.WHITE);
            refresh();
          }

          @Override
          public void mouseReleased(MouseEvent me) {
            yearleft.setForeground(Color.BLACK);
          }
        });

    yearright.addMouseListener(
        new MouseAdapter() {
          @Override
          public void mouseEntered(MouseEvent me) {
            yearright.setCursor(new Cursor(Cursor.HAND_CURSOR));
            yearright.setForeground(Color.RED);
          }

          @Override
          public void mouseExited(MouseEvent me) {
            yearright.setCursor(new Cursor(Cursor.DEFAULT_CURSOR));
            yearright.setForeground(Color.BLACK);
          }

          @Override
          public void mousePressed(MouseEvent me) {
            select.add(Calendar.YEAR, 1);
            yearright.setForeground(Color.WHITE);
            refresh();
          }

          @Override
          public void mouseReleased(MouseEvent me) {
            yearright.setForeground(Color.BLACK);
          }
        });

    monthleft.addMouseListener(
        new MouseAdapter() {
          @Override
          public void mouseEntered(MouseEvent me) {
            monthleft.setCursor(new Cursor(Cursor.HAND_CURSOR));
            monthleft.setForeground(Color.RED);
          }
```

```
            @Override
            public void mouseExited(MouseEvent me) {
              monthleft.setCursor(new Cursor(Cursor.DEFAULT_CURSOR));
              monthleft.setForeground(Color.BLACK);
            }

            @Override
            public void mousePressed(MouseEvent me) {
              select.add(Calendar.MONTH, -1);
              monthleft.setForeground(Color.WHITE);
              refresh();
            }

            @Override
            public void mouseReleased(MouseEvent me) {
              monthleft.setForeground(Color.BLACK);
            }
          });

      monthright.addMouseListener(
          new MouseAdapter() {
            @Override
            public void mouseEntered(MouseEvent me) {
              monthright.setCursor(new Cursor(Cursor.HAND_CURSOR));
              monthright.setForeground(Color.RED);
            }

            @Override
            public void mouseExited(MouseEvent me) {
              monthright.setCursor(new Cursor(Cursor.DEFAULT_CURSOR));
              monthright.setForeground(Color.BLACK);
            }

            @Override
            public void mousePressed(MouseEvent me) {
              select.add(Calendar.MONTH, 1);
              monthright.setForeground(Color.WHITE);
              refresh();
            }

            @Override
            public void mouseReleased(MouseEvent me) {
              monthright.setForeground(Color.BLACK);
            }
          });
    }

    private void updateDate() {
      center.setText(select.get(Calendar.YEAR) + "年" + (select.
```

```
get(Calendar.MONTH) + 1) + "月");
        }
      }

      private class JP2 extends JPanel {
        private static final long serialVersionUID = -8176264838786175724L;
        public JP2() {
          this.setPreferredSize(new Dimension(295, 20));
        }

        @Override
        protected void paintComponent(Graphics g) {
          g.setFont(font);
          g.drawString("星期日 星期一 星期二 星期三 星期四 星期五 星期六", 5, 10);
          g.drawLine(0, 15, getWidth(), 15);
        }
        private void updateDate() {}
      }

      private class JP3 extends JPanel {
        private static final long serialVersionUID = 43157272447522985L;
        public JP3() {
          super(new GridLayout(6, 7));
          this.setPreferredSize(new Dimension(295, 100));
          initJP3();
        }

        private void initJP3() {
          updateDate();
        }

        public void updateDate() {
          this.removeAll();
          lm.clear();
          Date temp = select.getTime();
          Calendar select = Calendar.getInstance();
          select.setTime(temp);
          select.set(Calendar.DAY_OF_MONTH, 1);
          int index = select.get(Calendar.DAY_OF_WEEK);
          int sum = (index == 1 ? 8 : index);
          select.add(Calendar.DAY_OF_MONTH, 0 - sum);
          for (int i = 0; i < 42; i++) {
            select.add(Calendar.DAY_OF_MONTH, 1);
            lm.addLabel(
                new MyLabel(
                    select.get(Calendar.YEAR),
                    select.get(Calendar.MONTH),
                    select.get(Calendar.DAY_OF_MONTH)));
          }
```

```
      for (MyLabel my : lm.getLabels()) {
        this.add(my);
      }
      select.setTime(temp);
    }
  }

  private class MyLabel extends JLabel implements Comparator<MyLabel>,
      MouseListener, MouseMotionListener {
    private static final long serialVersionUID = 3668734399227577214L;
    private int year, month, day;
    private boolean isSelected;
    public MyLabel(int year, int month, int day) {
      super("" + day, JLabel.CENTER);
      this.year = year;
      this.day = day;
      this.month = month;
      this.addMouseListener(this);
      this.addMouseMotionListener(this);
      this.setFont(font);
      if (month == select.get(Calendar.MONTH)) {
        this.setForeground(Color.BLACK);
      } else {
        this.setForeground(Color.LIGHT_GRAY);
      }
      if (day == select.get(Calendar.DAY_OF_MONTH)) {
        this.setBackground(new Color(160, 185, 215));
      } else {
        this.setBackground(Color.WHITE);
      }
    }

    public boolean getIsSelected() {
      return isSelected;
    }

    public void setSelected(boolean b, boolean isDrag) {
      isSelected = b;
      if (b && !isDrag) {
        int temp = select.get(Calendar.MONTH);
        select.set(year, month, day);
        if (temp == month) {
          SwingUtilities.updateComponentTreeUI(jp3);
        } else {
          refresh();
        }
      }
      this.repaint();
    }
```

```
    @Override
    protected void paintComponent(Graphics g) {
      if (day == select.get(Calendar.DAY_OF_MONTH) && month == select.
get(Calendar.MONTH)) {
        //如果当前日期是选择日期，则高亮显示
        g.setColor(new Color(160, 185, 215));
        g.fillRect(0, 0, getWidth(), getHeight());
      }

      if (year == now.get(Calendar.YEAR)
          && month == now.get(Calendar.MONTH)
          && day == now.get(Calendar.DAY_OF_MONTH)) {
        //如果日期和当前日期一样，则用红框
        Graphics2D gd = (Graphics2D) g;
        gd.setColor(Color.RED);
        Polygon p = new Polygon();
        p.addPoint(0, 0);
        p.addPoint(getWidth() - 1, 0);
        p.addPoint(getWidth() - 1, getHeight() - 1);
        p.addPoint(0, getHeight() - 1);
        gd.drawPolygon(p);
      }

      if (isSelected) { //如果被选中了就画一个虚线框出来
        Stroke s =
            new BasicStroke(
                1.0f,
                BasicStroke.CAP_SQUARE,
                BasicStroke.JOIN_BEVEL,
                1.0f,
                new float[] {2.0f, 2.0f},
                1.0f);
        Graphics2D gd = (Graphics2D) g;
        gd.setStroke(s);
        gd.setColor(Color.BLACK);
        Polygon p = new Polygon();
        p.addPoint(0, 0);
        p.addPoint(getWidth() - 1, 0);
        p.addPoint(getWidth() - 1, getHeight() - 1);
        p.addPoint(0, getHeight() - 1);
        gd.drawPolygon(p);
      }
      super.paintComponent(g);
    }

    @Override
    public boolean contains(Point p) {
      return this.getBounds().contains(p);
    }
```

```
        private void update() {
            repaint();
        }

        @Override
        public void mouseClicked(MouseEvent e) {}

        @Override
        public void mousePressed(MouseEvent e) {
            isSelected = true;
            update();
        }

        @Override
        public void mouseReleased(MouseEvent e) {
            Point p = SwingUtilities.convertPoint(this, e.getPoint(), jp3);
            lm.setSelect(p, false);
            commit();
        }

        @Override
        public void mouseEntered(MouseEvent e) {}

        @Override
        public void mouseExited(MouseEvent e) {}

        @Override
        public void mouseDragged(MouseEvent e) {
            Point p = SwingUtilities.convertPoint(this, e.getPoint(), jp3);
            lm.setSelect(p, true);
        }

        @Override
        public void mouseMoved(MouseEvent e) {}

        @Override
        public int compare(MyLabel o1, MyLabel o2) {
            Calendar c1 = Calendar.getInstance();
            c1.set(o1.year, o2.month, o1.day);
            Calendar c2 = Calendar.getInstance();
            c2.set(o2.year, o2.month, o2.day);
            return c1.compareTo(c2);
        }
    }

    private class LabelManager {

        private List<MyLabel> list;
```

```
    public LabelManager() {
      list = new ArrayList<MyLabel>();
    }

    public List<MyLabel> getLabels() {
      return list;
    }

    public void addLabel(MyLabel my) {
      list.add(my);
    }

    public void clear() {
      list.clear();
    }

    @SuppressWarnings("unused")
    public void setSelect(MyLabel my, boolean b) {
      for (MyLabel m : list) {
        if (m.equals(my)) {
          m.setSelected(true, b);
        } else {
          m.setSelected(false, b);
        }
      }
    }

    public void setSelect(Point p, boolean b) {
      //如果是拖动，则要优化一下，以提高效率
      if (b) {
        //表示是否能返回，不用比较完所有的标签，能返回的标志就是把上一个标签和将要显
示的标签找到了就可以了
        boolean findPrevious = false, findNext = false;
        for (MyLabel m : list) {
          if (m.contains(p)) {
            findNext = true;
            if (m.getIsSelected()) {
              findPrevious = true;
            } else {
              m.setSelected(true, b);
            }
          } else if (m.getIsSelected()) {
            findPrevious = true;
            m.setSelected(false, b);
          }
          if (findPrevious && findNext) {
            return;
          }
        }
```

```
      } else {
        MyLabel temp = null;
        for (MyLabel m : list) {
          if (m.contains(p)) {
            temp = m;
          } else if (m.getIsSelected()) {
            m.setSelected(false, b);
          }
        }

        if (temp != null) {
          temp.setSelected(true, b);
        }
      }
    }
  }

  private class JP4 extends JPanel {

    private static final long serialVersionUID = -6391305687575714469L;

    public JP4() {
      super(new BorderLayout());
      this.setPreferredSize(new Dimension(295, 20));
      this.setBackground(new Color(160, 185, 215));
      SimpleDateFormat sdf = new SimpleDateFormat("yyyy年MM月dd日");
      final JLabel jl = new JLabel("今天: " + sdf.format(new Date()));
      jl.setToolTipText("点击选择今天日期");
      this.add(jl, BorderLayout.CENTER);
      jl.addMouseListener(
          new MouseAdapter() {
            @Override
            public void mouseEntered(MouseEvent me) {
              jl.setCursor(new Cursor(Cursor.HAND_CURSOR));
              jl.setForeground(Color.RED);
            }

            @Override
            public void mouseExited(MouseEvent me) {
              jl.setCursor(new Cursor(Cursor.DEFAULT_CURSOR));
              jl.setForeground(Color.BLACK);
            }

            @Override
            public void mousePressed(MouseEvent me) {
              jl.setForeground(Color.WHITE);
              select.setTime(new Date());
              refresh();
              commit();
            }
```

```
                @Override
                public void mouseReleased(MouseEvent me) {
                    jl.setForeground(Color.BLACK);
                }
            });
        }
        private void updateDate() {}
    }
}
```

MenuBar.java 代码如下：

```
package com.benben.gui.sim.ui;

import javax.swing.*;
import java.awt.event.ActionEvent;
import java.awt.event.ActionListener;
import java.awt.event.KeyEvent;

/**
 * @version 1.0.0
 * @create by Benben on 2020-04-03 17:06
 */
public class MenuBar extends JMenuBar {
    public MenuBar(MainFrame frame) {
        JMenu jMenuStudent = new JMenu("学生信息管理(M)");
        jMenuStudent.setMnemonic(KeyEvent.VK_M);

        JMenuItem jMenuItemStudentList = new JMenuItem("查看学生信息(L)");
        jMenuItemStudentList.setMnemonic(KeyEvent.VK_L);
        jMenuItemStudentList.setToolTipText("查看所有的学生信息，进一步可以进行编辑");
        jMenuItemStudentList.addActionListener(
            new ActionListener() {
                @Override
                public void actionPerformed(ActionEvent e) {
                    StudentInternalFrame studentInternalFrame = new
StudentInternalFrame(frame);
                    frame.addChildFrame(studentInternalFrame);
                }
            });

        jMenuStudent.add(jMenuItemStudentList);
        add(jMenuStudent);
        frame.setJMenuBar(this);
    }
}
```

StudentInternalFrame.java 代码如下：

```
package com.benben.gui.sim.ui;
```

```
import com.benben.gui.sim.common.ServiceInvokeResult;
import com.benben.gui.sim.entity.Student;
import com.benben.gui.sim.service.StudentService;

import javax.swing.*;
import javax.swing.table.DefaultTableCellRenderer;
import javax.swing.table.DefaultTableModel;
import java.awt.*;
import java.awt.event.ActionEvent;
import java.awt.event.ActionListener;
import java.awt.event.MouseAdapter;
import java.awt.event.MouseEvent;
import java.util.List;
import java.util.Map;

/**
 * @version 1.0.0
 * @create by Benben on 2020-04-10 09:02
 */
public class StudentInternalFrame extends JInternalFrame {
  private StudentService studentService = new StudentService();
  private String[] columnNames = {"ID", "学号", "姓名", "性别", "生日",
"手机号码", "家庭住址"};
  private JFrame jframe;
  private JTable table;
  private DefaultTableModel tableModel;
  private JLabel lblInfo = new JLabel();
  private int pageIndex = 1;
  private int pageSize = 30;
  private int recordCount = 0;
  private int totalPage = 0;
  private int selectedRow = -1;

  public StudentInternalFrame(JFrame jframe) {
    this.jframe = jframe;
    init();
  }

  public static void main(String[] args) {
    StudentInternalFrame studentInternalFrame = new
StudentInternalFrame(new JFrame());
    studentInternalFrame.setVisible(true);
  }

  public JFrame getJFrame() {
    return this.jframe;
  }

  private void init() {
```

```
        setTitle("学生信息浏览");
        setResizable(true);
        setClosable(true);
        setIconifiable(true);
        setMaximizable(true);
        setBounds(100, 100, 800, 600);
        createTable();
        JScrollPane scrollPane = new JScrollPane(table);
        scrollPane.setViewportView(table);
        getContentPane().add(scrollPane, BorderLayout.CENTER);
        JPanel panel = new JPanel();
        getContentPane().add(panel, BorderLayout.SOUTH);

        panel.add(lblInfo);
        JButton previous = new JButton("上一页");
        previous.addActionListener(
            new ActionListener() {
              @Override
              public void actionPerformed(ActionEvent e) {
                pageIndex = (pageIndex == 1 ? 1 : pageIndex - 1);
                flushTable();
              }
            });
        JButton next = new JButton("下一页");
        next.addActionListener(
            new ActionListener() {
              @Override
              public void actionPerformed(ActionEvent e) {
                pageIndex = (pageIndex == totalPage ? totalPage : pageIndex + 1);
                flushTable();
              }
            });
        JButton add = new JButton("增加");
        add.addActionListener(
            new ActionListener() {
              @Override
              public void actionPerformed(ActionEvent e) {
                Student student = new Student();
                student.setGender("男");

                StudentEditDialog studentEditDialog =
                    new StudentEditDialog(null, "学生信息[新增]", true, student);

                double x = getJFrame().getX() + (getJFrame().getSize().
getWidth() - 400) / 2;
                double y = getJFrame().getY() + (getJFrame().getSize().
getHeight() - 300) / 2;
                studentEditDialog.setLocation((int) x, (int) y);
                studentEditDialog.setSize(400, 300);
```

```
                studentEditDialog.setVisible(true);
                int state = studentEditDialog.getState();
                if (state == 1) {
                  //新增成功
                  JOptionPane.showMessageDialog(null, "新增成功!", "提示",
JOptionPane.INFORMATION_MESSAGE);
                  flushTable();
                } else if (state == -1) {
                  //新增失败
                  JOptionPane.showMessageDialog(
                      null,
                      "新增失败。\r\n" + studentEditDialog.getErrorMessage(),
                      "提示",
                      JOptionPane.WARNING_MESSAGE);
                }
              }
            });
        JButton update = new JButton("修改");
        update.addActionListener(
            new ActionListener() {
              @Override
              public void actionPerformed(ActionEvent e) {
                if (selectedRow == -1) {
                  JOptionPane.showMessageDialog(
                      getJFrame(), "请选择要修改的数据。", "提示", JOptionPane.
WARNING_MESSAGE);
                  return;
                }

                Student student = new Student();
                student.setId(Integer.valueOf(String.valueOf(table.
getValueAt(selectedRow, 0))));
                student.setNo(String.valueOf(table.getValueAt(selectedRow, 1)));
                student.setName(String.valueOf(table.getValueAt(selectedRow, 2)));
                student.setGender(String.valueOf(table.getValueAt(selectedRow, 3)));
                student.setBirthday(String.valueOf(table.getValueAt(selectedRow, 4)));
                student.setPhoneNumber(String.valueOf(table.getValueAt(selectedRow, 5)));
                student.setAddress(String.valueOf(table.getValueAt(selectedRow, 6)));

                StudentEditDialog studentEditDialog =
                    new StudentEditDialog(null, "学生信息[修改]", true, student);

                double x = getJFrame().getX() + (getJFrame().getSize().
getWidth() - 400) / 2;
                double y = getJFrame().getY() + (getJFrame().getSize().
getHeight() - 300) / 2;
                studentEditDialog.setLocation((int) x, (int) y);
                studentEditDialog.setSize(400, 300);
                studentEditDialog.setVisible(true);
```

```
                int state = studentEditDialog.getState();
                if (state == 1) {
                  //修改成功
                  JOptionPane.showMessageDialog(null, "修改成功!", "提示",
JOptionPane.INFORMATION_MESSAGE);
                  flushTable();
                } else if (state == -1) {
                  //修改失败
                  JOptionPane.showMessageDialog(
                      null,
                      "修改失败。\r\n" + studentEditDialog.getErrorMessage(),
                      "提示",
                      JOptionPane.WARNING_MESSAGE);
                }
              }
            });
        JButton delete = new JButton("删除");
        delete.addActionListener(
            new ActionListener() {
              @Override
              public void actionPerformed(ActionEvent e) {
                if (selectedRow == -1) {
                  JOptionPane.showMessageDialog(null, "请选择要删除的数据。",
"提示", JOptionPane.WARNING_MESSAGE);
                  return;
                }

                int isDelete =
                    JOptionPane.showConfirmDialog(null, "确定删除吗?", "删除提示",
JOptionPane.YES_NO_OPTION);
                if (isDelete == JOptionPane.YES_OPTION) {
                  int id = Integer.valueOf(String.valueOf(table.
getValueAt(selectedRow, 0)));
                  ServiceInvokeResult<Student> sir = studentService.
removeStudentById(id);
                  if (sir.isSuccess()) {
                    JOptionPane.showMessageDialog(null, "删除成功!", "提示",
 JOptionPane.INFORMATION_MESSAGE);
                    flushTable();
                  } else {
                    JOptionPane.showMessageDialog(
                        null, "删除失败。\r\n" + sir.getMessage(), "提示",
 JOptionPane.WARNING_MESSAGE);
                  }
                }
              }
            });
```

```
        panel.add(previous);
        panel.add(next);
        panel.add(add);
        panel.add(update);
        panel.add(delete);
    }

    /** 刷新表格中的数据 */
    private void flushTable() {
        tableModel = createTableModel();
        //设置表的 TableModel
        table.setModel(tableModel);

        lblInfo.setText(
            "总记录数：" + recordCount + "，每页" + pageSize + "条记录，当前页：" +
pageIndex + "/" + totalPage);
    }

    private void createTable() {
        table = new JTable();
        //设置表格的单元格渲染器（重写其中的方法，达到显示奇偶行的目的）
        table.setDefaultRenderer(
            Object.class,
            new DefaultTableCellRenderer() {
                @Override
                public Component getTableCellRendererComponent(
                    JTable table,
                    Object value,
                    boolean isSelected,
                    boolean hasFocus,
                    int row,
                    int column) {
                  if (row % 2 != 0) {
                    setBackground(new Color(208, 208, 208));
                  } else {
                    setBackground(Color.WHITE);
                  }
                  return super.getTableCellRendererComponent(
                      table, value, isSelected, hasFocus, row, column);
                }
            });

        flushTable();
        //设置表的选择属性（单选）
        table.setSelectionMode(ListSelectionModel.SINGLE_SELECTION);
        table.addMouseListener(
            new MouseAdapter() {
                @Override
                public void mouseClicked(MouseEvent e) {
```

```
                selectedRow = table.getSelectedRow();
            }
        });
    }

    private DefaultTableModel createTableModel() {
        // 创建 TableModel 实例（重写其中的方法，达到不可编辑的目的）
        tableModel =
            new DefaultTableModel(getData(), columnNames) {
                @Override
                public boolean isCellEditable(int row, int column) {
                    return false;
                }
            };
        return tableModel;
    }

    private String[][] getData() {
        Map<String, Object> map = studentService.pagingStudents(pageIndex,
pageSize).getData();
        List<Student> list = (List<Student>) map.get("list");
        recordCount = Integer.valueOf(String.valueOf(map.get("recordCount")));
        totalPage = Integer.valueOf(String.valueOf(map.get("totalPage")));
        return convertList2Array(list);
    }

    private String[][] convertList2Array(List<Student> list) {
        String[][] data = new String[pageSize][columnNames.length];
        int count = list.size();
        for (int i = 0; i < count; i++) {
            Student student = list.get(i);
            data[i][0] = student.getId() + "";
            data[i][1] = student.getNo();
            data[i][2] = student.getName();
            data[i][3] = student.getGender();
            data[i][4] = student.getBirthday();
            data[i][5] = student.getPhoneNumber();
            data[i][6] = student.getAddress();
        }

        return data;
    }
}
```

StudentEditDialog.java 代码如下：

```
package com.benben.gui.sim.ui;

import com.benben.gui.sim.common.ServiceInvokeResult;
import com.benben.gui.sim.entity.Student;
import com.benben.gui.sim.service.StudentService;
```

```
import javax.swing.*;
import java.awt.*;
import java.awt.event.ActionEvent;
import java.awt.event.ActionListener;

/**
 * @version 1.0.0
 * @create by Benben on 2020-04-10 11:17
 */

/** 学生信息编辑窗体（继承 JDialog，产生模态窗体效果） */
public class StudentEditDialog extends JDialog implements ActionListener {
  private StudentService studentService = new StudentService();
  private Student student;
  private JLabel lblId, lblNo, lblName, lblGender, lblBirthday, lblPhoneNumber,
lblAddress;
  private JTextField txtId, txtNo, txtName, txtBirthday, txtPhoneNumber, txtAddress;
  private ButtonGroup genderGroup;
  private JRadioButton rbtnMale, rbtnFemale;
  private DateChooser dcBirthday;
  private JButton btnSave, btnCancel;
  private int state = 0;
  private String errorMessage = null;

  public StudentEditDialog(Frame owner, String title, boolean modal,
Student student) {
    //调用父类构造方法，达到模式对话框效果
    super(owner, title, modal);
    this.student = student;

    lblId = new JLabel("ID");
    lblNo = new JLabel("学号");
    lblName = new JLabel("姓名");
    lblGender = new JLabel("性别");
    lblBirthday = new JLabel("生日");
    lblPhoneNumber = new JLabel("手机号码");
    lblAddress = new JLabel("住址");

    txtId = new JTextField(student.getId() == 0  ? "": student.getId() + "");
    txtId.setEditable(false);
    txtNo = new JTextField(student.getNo());
    txtName = new JTextField(student.getName());
    txtBirthday = new JTextField(student.getBirthday());
    txtPhoneNumber = new JTextField(student.getPhoneNumber());
    txtAddress = new JTextField(student.getAddress());

    genderGroup = new ButtonGroup();
    rbtnMale = new JRadioButton("男");
    rbtnMale.setSelected(student.getGender().equals("男"));
    rbtnFemale = new JRadioButton("女");
    rbtnFemale.setSelected(student.getGender().equals("女"));
```

```
        genderGroup.add(rbtnMale);
        genderGroup.add(rbtnFemale);

        dcBirthday = DateChooser.getInstance();
        dcBirthday.register(txtBirthday);

        btnSave = new JButton("保存");
        btnSave.addActionListener(this);
        btnCancel = new JButton("放弃");
        btnCancel.addActionListener(this);

        GridBagLayout layout = new GridBagLayout();
        setLayout(layout);

        GridBagConstraints gbc = new GridBagConstraints();
        gbc.fill = GridBagConstraints.BOTH;
        gbc.insets = new Insets(5, 5, 5, 5);

        gbc.gridheight = 1;
        gbc.gridwidth = 1;

        layout.setConstraints(lblId, gbc);
        this.getContentPane().add(lblId);

        gbc.gridwidth = GridBagConstraints.REMAINDER;
        layout.setConstraints(txtId, gbc);
        this.getContentPane().add(txtId);

        gbc.gridwidth = 1;
        layout.setConstraints(lblNo, gbc);
        this.getContentPane().add(lblNo);

        gbc.gridwidth = GridBagConstraints.REMAINDER;
        layout.setConstraints(txtNo, gbc);
        this.getContentPane().add(txtNo);

        gbc.gridwidth = 1;
        layout.setConstraints(lblName, gbc);
        this.getContentPane().add(lblName);

        gbc.gridwidth = GridBagConstraints.REMAINDER;
        layout.setConstraints(txtName, gbc);
        this.getContentPane().add(txtName);

        gbc.gridwidth = 1;
        layout.setConstraints(lblGender, gbc);
        this.getContentPane().add(lblGender);

        gbc.gridwidth = 1;
        layout.setConstraints(rbtnMale, gbc);
        this.getContentPane().add(rbtnMale);
```

```
    gbc.gridwidth = GridBagConstraints.REMAINDER;
    layout.setConstraints(rbtnFemale, gbc);
    this.getContentPane().add(rbtnFemale);

    gbc.gridwidth = 1;
    layout.setConstraints(lblBirthday, gbc);
    this.getContentPane().add(lblBirthday);

    gbc.gridwidth = GridBagConstraints.REMAINDER;
    layout.setConstraints(txtBirthday, gbc);
    this.getContentPane().add(txtBirthday);

    gbc.gridwidth = 1;
    layout.setConstraints(lblPhoneNumber, gbc);
    this.getContentPane().add(lblPhoneNumber);

    gbc.gridwidth = GridBagConstraints.REMAINDER;
    layout.setConstraints(txtPhoneNumber, gbc);
    this.getContentPane().add(txtPhoneNumber);

    gbc.gridwidth = 1;
    layout.setConstraints(lblAddress, gbc);
    this.getContentPane().add(lblAddress);

    gbc.gridwidth = GridBagConstraints.REMAINDER;
    layout.setConstraints(txtAddress, gbc);
    this.getContentPane().add(txtAddress);

    gbc.gridwidth = 1;
    layout.setConstraints(btnSave, gbc);
    this.getContentPane().add(btnSave);
    gbc.gridwidth = 1;
    layout.setConstraints(btnCancel, gbc);
    this.getContentPane().add(btnCancel);
  }

  public int getState() {
    return state;
  }

  public String getErrorMessage() {
    return errorMessage;
  }

  @Override
  public void actionPerformed(ActionEvent e) {
    JButton button = (JButton) e.getSource();
    if (button.equals(btnCancel)) {
      this.dispose();
    }
    if (button.equals(btnSave)) {
```

```
            Student studentItem = new Student();
            if (txtId.getText().equals("")) {
              studentItem.setId(0);
            } else {
              studentItem.setId(Integer.valueOf(txtId.getText()));
            }

            studentItem.setNo(txtNo.getText().trim());
            studentItem.setName(txtName.getText().trim());
            studentItem.setGender(rbtnMale.isSelected() ? "男" : "女");
            studentItem.setBirthday(txtBirthday.getText().trim());
            studentItem.setPhoneNumber(txtPhoneNumber.getText().trim());
            studentItem.setAddress(txtAddress.getText().trim());

            ServiceInvokeResult<Student> sir = null;
            if (studentItem.getId() == 0) {
              sir = studentService.addStudent(studentItem);
            } else {
              sir = studentService.modifyStudent(studentItem);
            }

            if (sir.isSuccess()) {
              this.state = 1;
              this.dispose();
            } else {
              this.state = -1;
              this.errorMessage = sir.getMessage();
            }
          }
        }
      }
```

小　结

通过学习本章内容，我们学习了 Java GUI 的一个项目，在项目中，我们了解了常用的分层设计思想，常用的编码、封装、测试等技术。

思考题

1. 总结一下整体的设计框架。
2. 完善系统，提出自己的设计和实现方案。